Une classification des végétaux chlorophylliens en groupes emboîtés

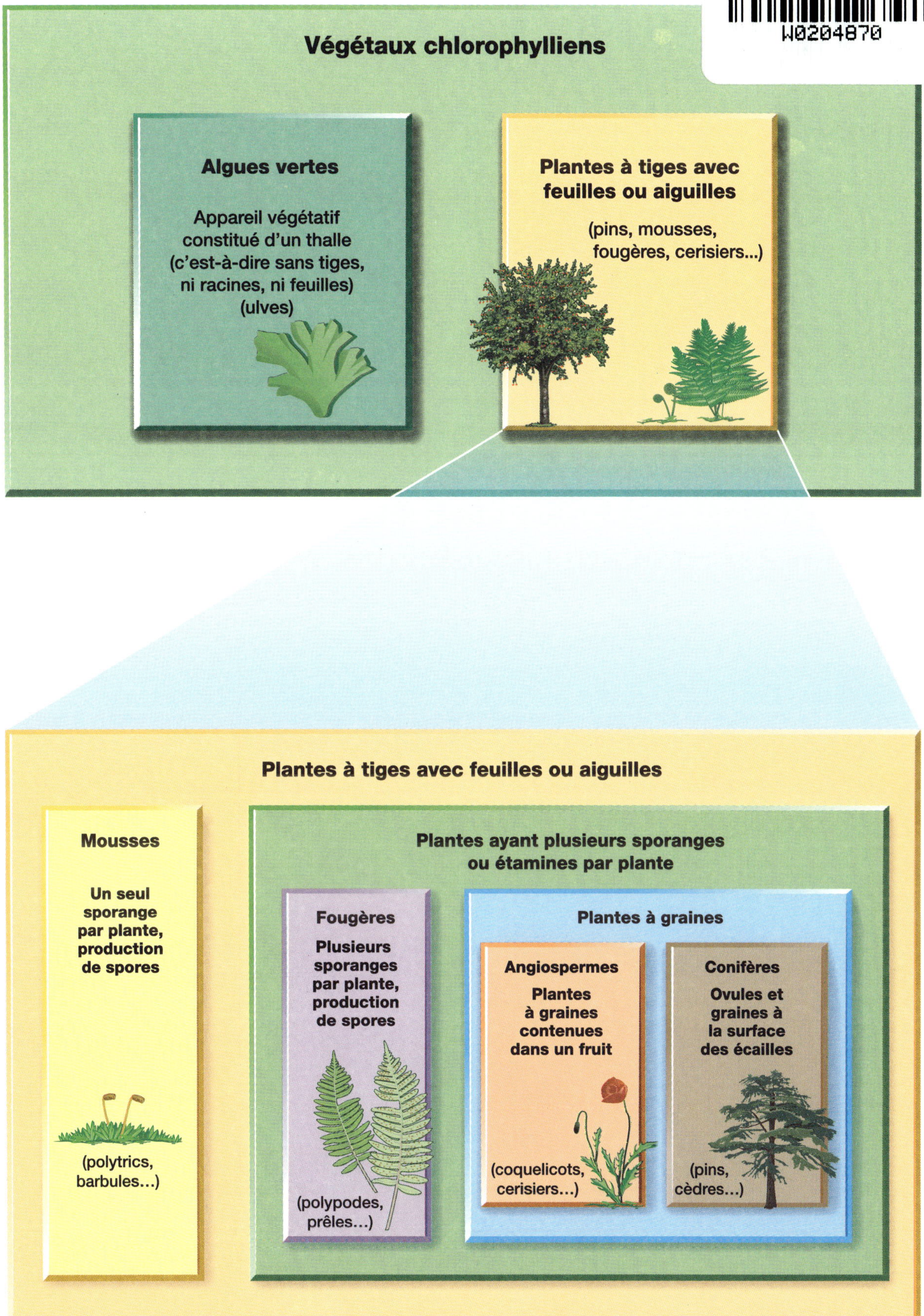

Sciences de la Vie et de la Terre

6e

Sous la direction de
Monique Dupuis

Auteurs

Thierry Coince
Professeur à Trappes

Monique Dupuis
Professeur à La Baule

Jean-Claude Hervé
Ancien I.P.R. de l'académie de Versailles

Annick Hyon
Professeur à Meudon

Dominique Margerie
Professeur à Saint-Germain-en-Laye

Martine Margerie
Professeur à Saint-Germain-en-Laye

Laurent Villermet
Professeur à Saint-Étienne

Conseiller scientifique
Jean-Claude Hervé

HATIER

Conception maquette : **Hatier**
Réalisation mise en pages : **Hatier**
Infographie : **Corédoc/ L. Blondel**

 ISBN : 2-218-**74524**-0

Sommaire

Présentation du manuel

ENTRÉE DE CHAPITRE

Sensibilisation visuelle
au thème étudié dans le chapitre.

OBSERVER ET S'INTERROGER

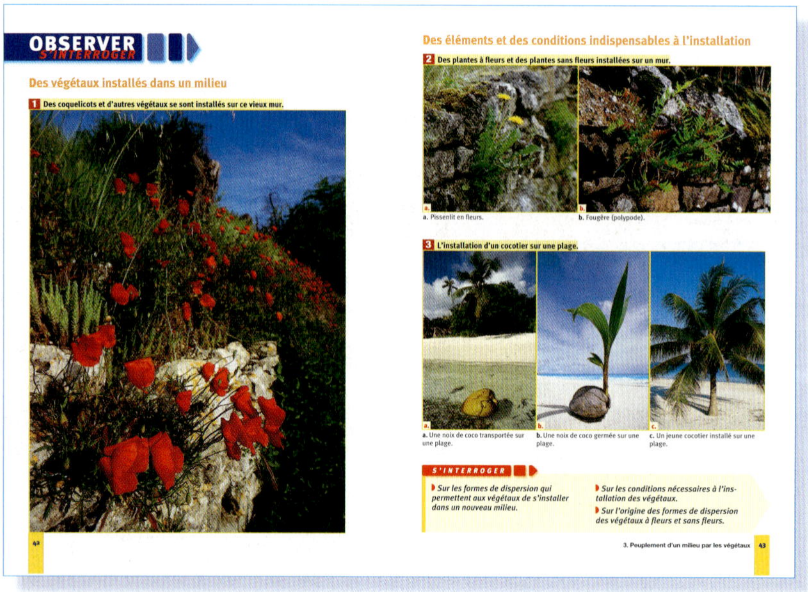

Observer et s'interroger
sur des documents relatifs à des exemples développés, pour la plupart, dans les activités et établir un lien avec les problèmes à résoudre exprimés dans « s'interroger sur... ».

ACTIVITÉS

Thème des activités

Problème
à résoudre

Exploitation
questions portant directement sur les documents. Elles guident la découverte des notions.

Mots-clés
qui véhiculent les idées clés de l'activité.

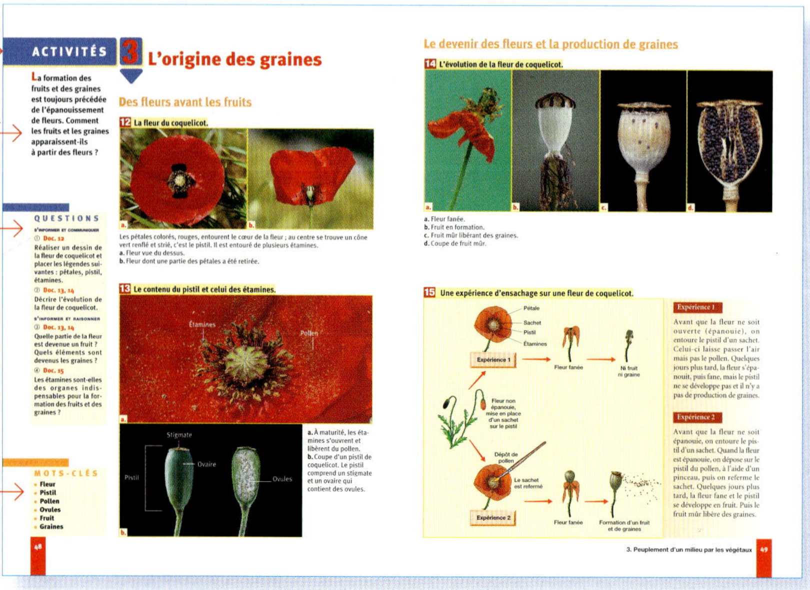

Documents
accompagnés de leurs clés de lecture pour observer et analyser les phénomènes scientifiques.

NOTIONS ESSENTIELLES

Bilan des activités
notions appliquées aux exemples de l'activité et donc réponses globales aux questions posées.

À retenir
généralisation des notions étudiées dans l'activité, en fonction des indications du programme, et donc expression des notions à retenir.

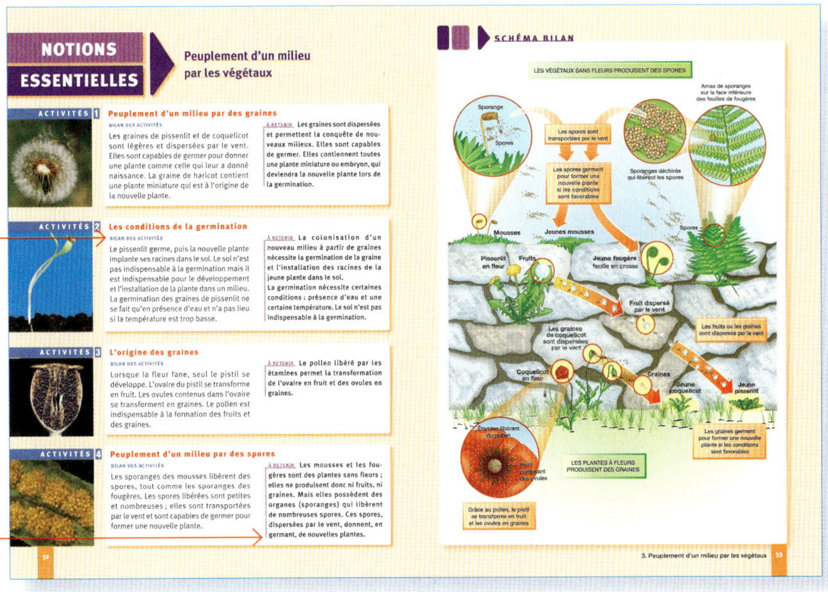

L'essentiel des connaissances
organisées autour d'un schéma bilan.

EXERCICES

Évaluer ses connaissances
exercices pour une évaluation formative ciblée et rapide.

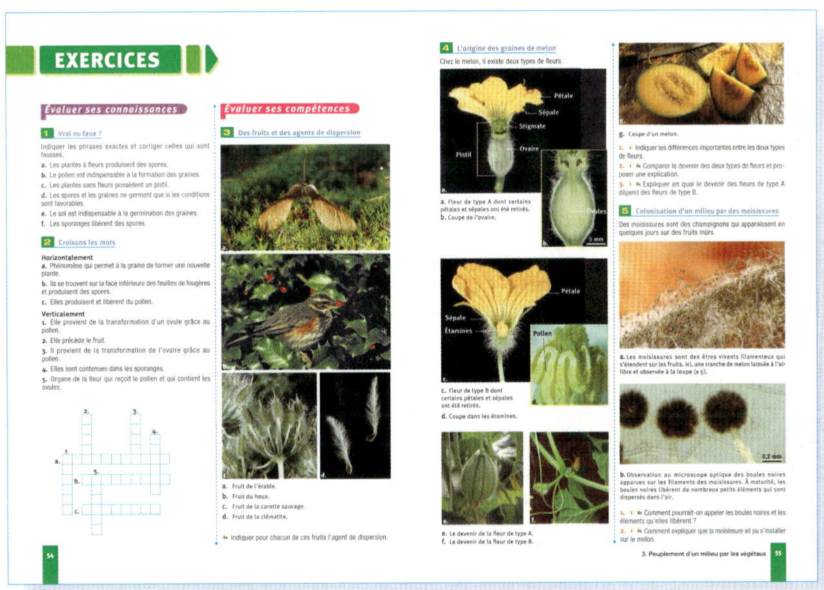

Évaluer ses compétences
exercices pour tester l'aptitude à utiliser ses connaissances au cours d'un raisonnement.

EXPÉRIMENTER

Une réalisation pratique
en liaison avec les notions découvertes dans le chapitre.

À réaliser
en classe ou individuellement à la maison.

Des réalisations pratiques
qui entraînent à respecter des consignes tout en contribuant à l'apprentissage de l'autonomie et au développement de l'esprit d'initiative.

PARTIE

PROGRAMME

Les êtres vivants observés ne sont pas répartis au hasard ; leur répartition dépend des caractéristiques de l'environnement.

On distingue dans notre environnement :

- des composantes minérales (roches, air, eau) ;
- divers êtres vivants en relation les uns avec les autres et avec leur support ;
- des manifestations de l'activité humaine.

Dans notre environnement, les conditions de vie et la répartition des êtres vivants varient en fonction de causes locales : par exemple, la présence d'un sol, la présence d'eau, selon l'exposition, selon l'heure du jour.

La répartition peut aussi dépendre de l'action de l'Homme.

CHAPITRES

1 Les caractéristiques de notre environnement

2 La répartition des êtres vivants

1
Caractéristiques de l'environnement et répartition des êtres vivants

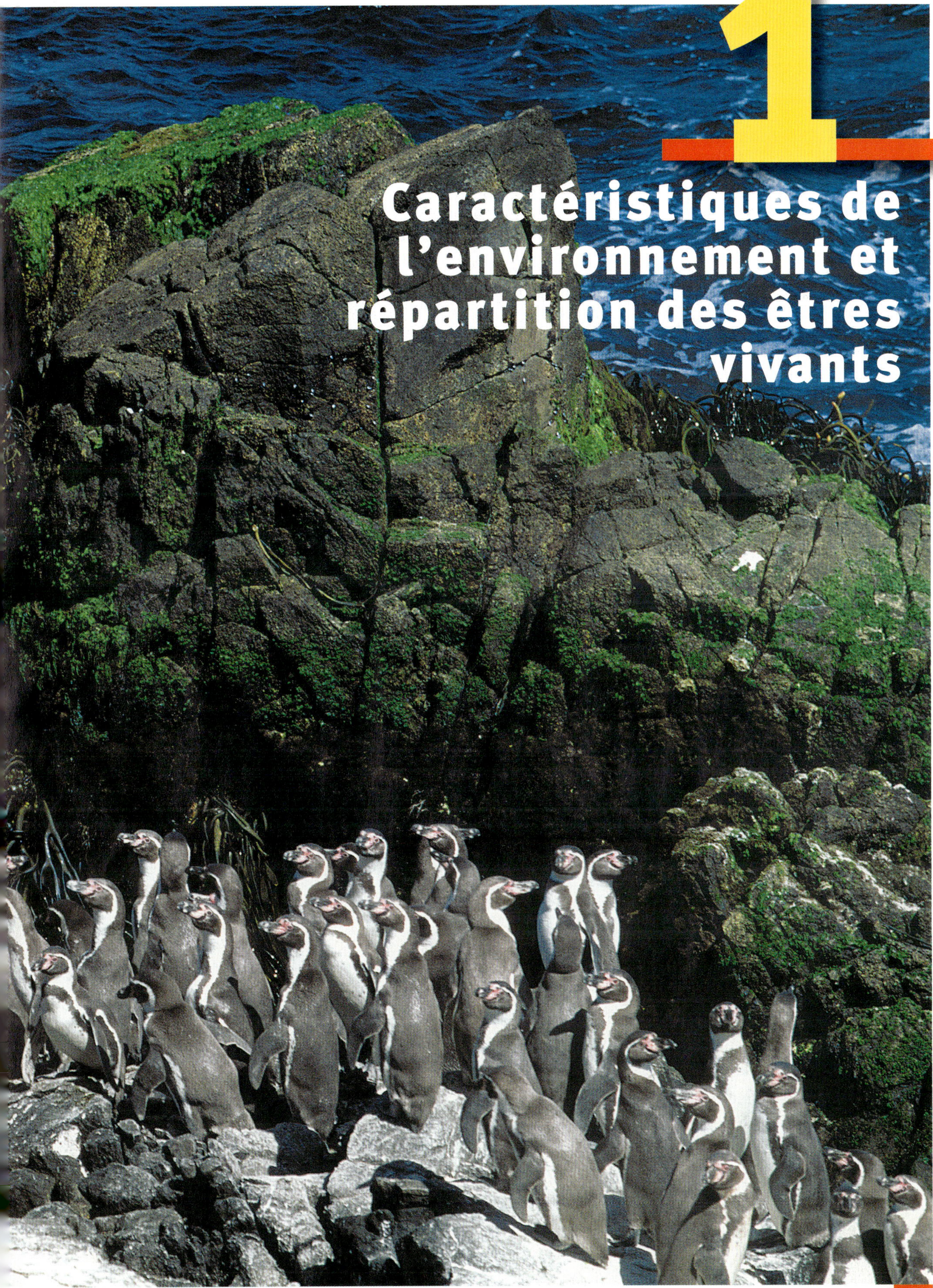

PARTIE 1

Caractéristiques de l'environnement proche et répartition des êtres vivants

1 Les caractéristiques de notre environnement

2 La répartition des êtres vivants

Les caractéristiques de notre environnement

1

Une sortie dans la cour du collège est l'occasion de découvrir les éléments qui composent notre environnement.

OBSERVER
S'INTERROGER

Observer et identifier les êtres vivants de notre environnement

1 **Des élèves en exploration dans l'enceinte de leur collège.**

2 **Identifier les êtres vivants récoltés dans un même environnement.**

Des élèves trient et identifient les êtres vivants récoltés, en petite quantité, dans leur environnement proche.

Un environnement à connaître et à respecter

3 Un parc national : un environnement protégé.

a. Parc National de la Vanoise en Savoie.

b. Consignes données aux promeneurs.

c. Une espèce protégée : le chardon bleu, ne pas le cueillir.

S'INTERROGER

- *Sur les composantes de notre environnement.*
- *Sur les caractères propres aux êtres vivants.*
- *Sur l'identification des êtres vivants observés.*

ACTIVITÉS

1 Les composantes de notre environnement

Quelle que soit la région où l'on vit, notre environnement nous est familier. Quelles sont les composantes de cet environnement ?

Des composantes variées

4 Les éléments d'un environnement non urbanisé.

Éléments « naturels » du paysage et aménagements réalisés par l'Homme sont les composantes de notre environnement.

5 Les éléments d'un environnement urbanisé.

QUESTIONS

S'INFORMER

① **Doc. 4**
Distinguer les éléments dus à l'activité humaine des éléments «naturels».

S'INFORMER ET RAISONNER

② **Doc. 4, 5**
Répartir les éléments de l'environnement en trois catégories :
- êtres vivants,
- composantes minérales,
- constructions humaines.

③ **Doc. 7**
Quelles relations ces trois êtres vivants peuvent-ils avoir entre eux ?

④ **Doc. 6, 7, 8**
Quels types de relations peut-on observer entre les êtres vivants ?

MOTS-CLÉS

- **Composantes minérales**
- **Êtres vivants**
- **Traces d'activité humaine**
- **Relations alimentaires**

Des relations entre les êtres vivants

6 Des êtres vivants installés sur des arbres.

a. Du lierre s'accroche aux troncs des arbres.
b. Des mousses et des lichens vivent sur ce tronc.

7 Des relations entre une fleur, une mouche et une araignée.

Dans leur environnement, les différents êtres vivants établissent des relations entre eux.

8 Le cocon reproducteur d'une araignée des jardins.

Une araignée a tissé autour des brins d'herbe le cocon de soie dans lequel elle a pondu ses œufs.

ACTIVITÉS

2 Quelques caractéristiques des êtres vivants

Une roche, un mur, un éboulis, sont rapidement envahis par des êtres vivants. Quelles sont les caractéristiques des êtres vivants ?

Un environnement qui change

9 Trois aspects successifs d'un mur.

a. Mur sans végétation.
b. Lichens sur les pierres d'un mur.
c. Lichens et plantes à fleurs sur un mur.

QUESTIONS

S'INFORMER

① **Doc. 9**
Quelle est la caractéristique des êtres vivants évoquée par ces photos ?

② **Doc.9**
Quels sont les premiers êtres vivants qui s'installent sur le nouveau support ?

S'INFORMER ET RAISONNER

③ **Doc. 9, 10**
Quels sont les indices qui suggèrent que les végétaux sont vivants ?

④ **Doc. 10, 11**
Citer quelques caractéristiques des êtres vivants.

MOTS-CLÉS

- **Croissance**
- **Reproduction**
- **Peuplement d'un milieu**

Des manifestations du vivant

10 Développement d'une feuille de fougère grand-aigle.

a. Les feuilles de fougère se forment, au printemps.

b. Feuilles de fougère quinze jours plus tard.

c. Feuilles de fougère trente jours plus tard.

11 Un comportement des êtres vivants.

a. Les escargots pondent leurs œufs dans la terre humide.
b. De jeunes escargots naissent au bout de quelques jours.

ACTIVITÉS

3 Identification des êtres vivants d'un milieu

De nombreux êtres vivants peuvent être observés dans notre environnement. Comment peut-on les identifier, leur donner un nom, savoir à quel groupe ils appartiennent ?

Une clé repose sur des critères précis

12 Trois insectes qui se ressemblent.

Ces trois insectes se ressemblent, mais ils appartiennent à des groupes différents.
a. Guêpe des forêts d'une taille d'environ 11 à 18 mm.
b. Sésie des peupliers d'une taille d'environ 15 à 20 mm.
c. Séricomie d'une taille d'environ 20 à 25 mm.

13 Une clé de détermination simplifiée de quelques groupes d'insectes.

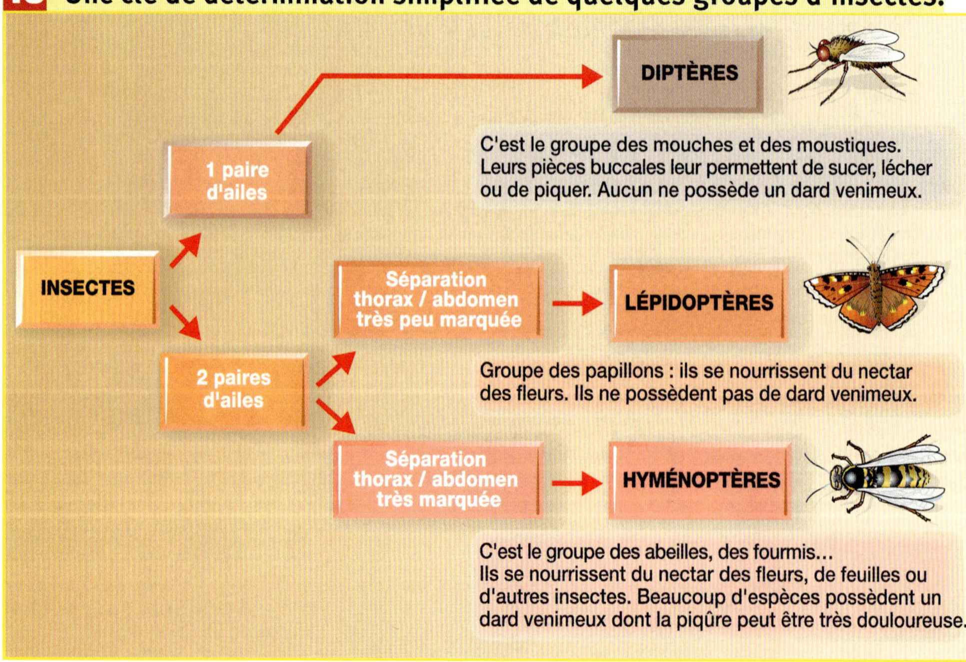

Pour identifier les êtres vivants, on utilise divers critères qui permettent de « ranger » ces êtres vivants par groupe. Une clé de détermination est établie à partir de critères choisis par les scientifiques. Par exemple, la présence d'une ou deux paires d'ailes est un critère. La lecture d'une clé de détermination se fait toujours de la gauche vers la droite.

QUESTIONS

S'INFORMER ET RAISONNER

① **Doc. 12**
Ces trois insectes sont parfois confondus, surtout en vol ou lorsqu'ils sont vus de loin. Pourquoi peut-on les confondre ?

S'INFORMER ET COMMUNIQUER

② **Doc. 12, 13**
Utiliser la clé de détermination pour préciser le groupe auquel appartient chacun de ces insectes et indiquer celui qui risque de piquer.

③ **Doc. 14, 15**
Utiliser la clé de détermination pour identifier l'espèce à laquelle appartient la plante observée. Justifier la réponse en citant dans l'ordre les caractères utilisés.

MOTS CLÉS

- **Critères d'identification**
- **Clé de détermination**
- **Groupe**

Identifier une espèce avec une clé de détermination

14 Une plante que l'on trouve en bordure de champ.

a. Plante en fleurs.

b. La fleur de cette plante est une fleur composée, c'est-à-dire qu'elle est formée de nombreuses petites fleurs, serrées les unes contre les autres.

c. Les feuilles de cette plante ont une disposition caractéristique.

15 Détermination d'une plante à l'aide d'une clé.

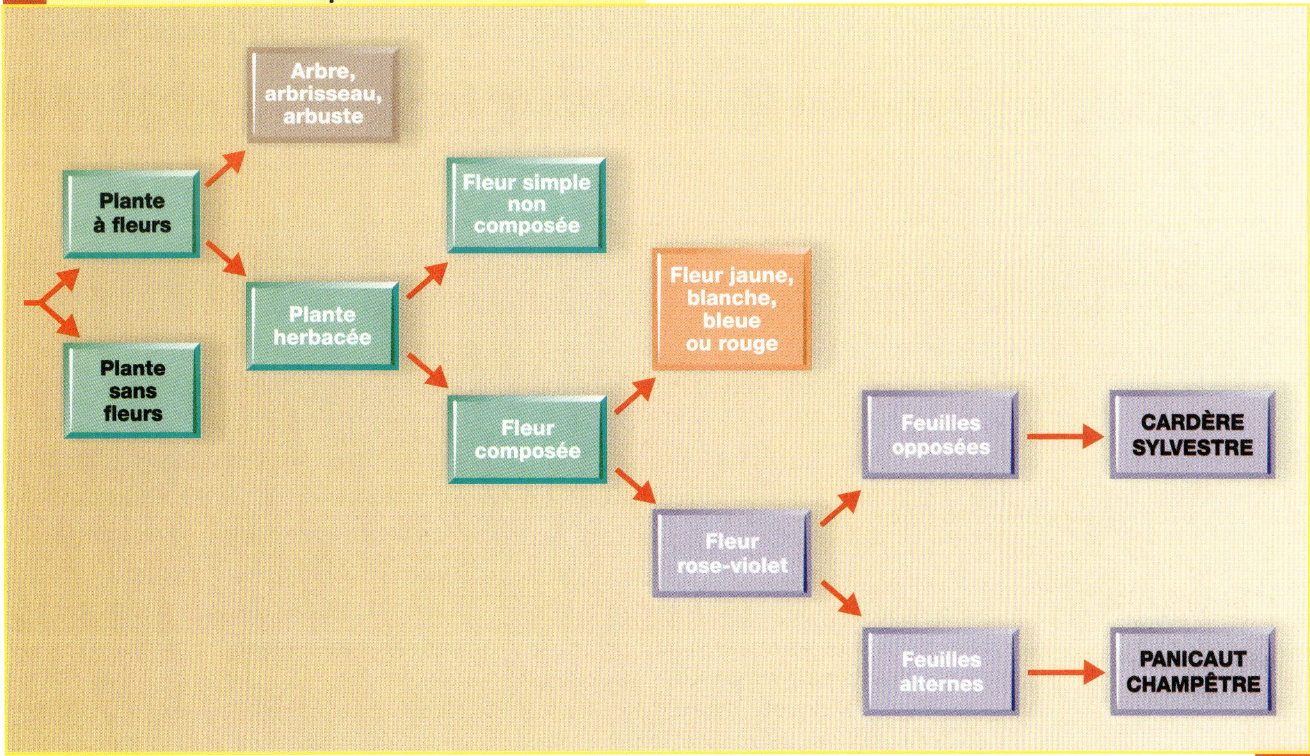

NOTIONS ESSENTIELLES

Les caractéristiques de notre environnement

ACTIVITÉS 1

Les composantes de notre environnement

BILAN DES ACTIVITÉS

Dans le paysage de montagne comme dans le paysage urbain on peut repérer certains éléments qui sont des composantes de notre environnement : l'eau, l'air, les roches, les êtres vivants, les constructions humaines.

Dans notre environnement, les êtres vivants ont des relations entre eux. Ainsi, l'arbre est le support du lierre, de la mousse, des lichens ; l'araignée utilise les brins d'herbe pour accrocher les fils du cocon qui abrite ses petits ; la mouche, qui butine la fleur, est une proie pour l'araignée tomise.

À RETENIR **Notre environnement proche est constitué de composantes minérales (eau, roches, air...) et d'êtres vivants (animaux et végétaux). Les divers êtres vivants établissent des relations les uns avec les autres et avec leur support (relations alimentaires, support).**

ACTIVITÉS 2

Quelques caractéristiques des êtres vivants

BILAN DES ACTIVITÉS

Certains végétaux s'installent rapidement sur un nouveau support minéral, ce qui permet l'installation d'autres êtres vivants. En grandissant et en se reproduisant ils occupent peu à peu leur nouveau milieu de vie.

À RETENIR **On qualifie d'êtres vivants les êtres qui grandissent, se reproduisent et se nourrissent. Ils peuvent ainsi s'installer et peupler un milieu de vie.**

ACTIVITÉS 3

Identification des êtres vivants d'un milieu

BILAN DES ACTIVITÉS

L'observation des trois insectes guidée par les critères de la clé de détermination (le nombre de paires d'ailes puis la séparation thorax/abdomen) permet de dire que la guêpe est un insecte qui appartient au groupe des hyménoptères, que la sésie est un papillon (lépidoptère) et la séricomie est une mouche (diptère). L'observation de la plante guidée par les critères de la clé permet de dire que c'est une cardère.

À RETENIR **Une clé de détermination est construite à partir de critères précis à utiliser suivant un ordre déterminé. Ces critères guident l'observation de l'être vivant que l'on veut identifier : par exemple connaître le groupe auquel il appartient. Certaines clés permettent d'aboutir au nom de l'espèce.**

SCHÉMA BILAN

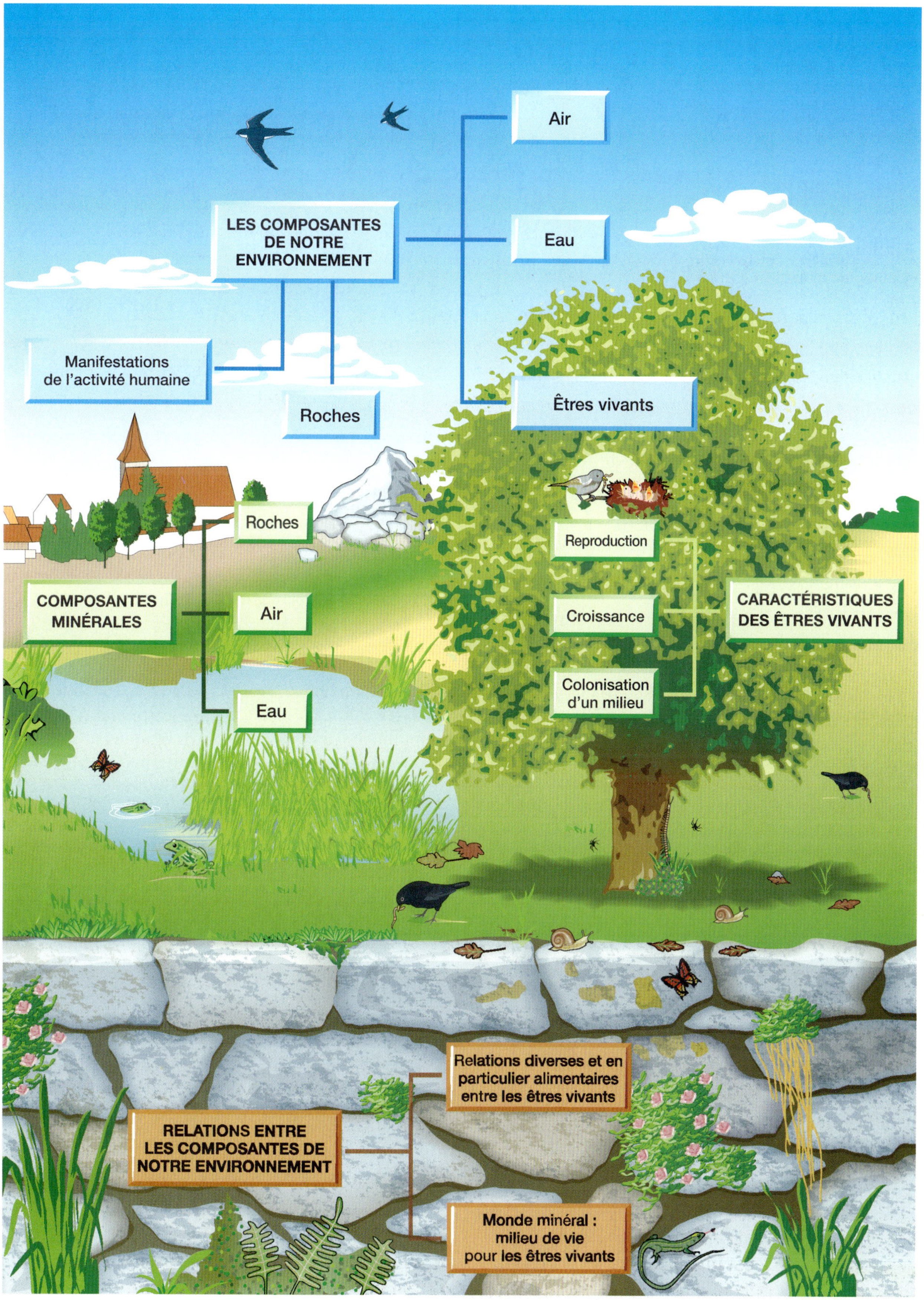

EXERCICES

Évaluer ses connaissances

1 Vrai ou faux ?

Préciser les phrases qui sont exactes et corriger celles qui sont fausses.

a. Les animaux sont des êtres vivants parce qu'ils peuvent se déplacer.

b. Les végétaux sont des êtres vivants parce qu'ils peuvent se reproduire et grandir.

c. L'eau est une composante minérale de l'environnement.

d. Une roche est une composante vivante de l'environnement.

2 Relier des mots

Rédiger une phrase en utilisant les mots suivants :
composantes – êtres vivants – milieu de vie – minérales.

3 Croisons les mots

Horizontalement

a. Avec la croissance, c'est une caractéristique des êtres vivants.

b. Il nous entoure et il est constitué d'êtres vivants et de composantes minérales.

c. Ils sont capables de grandir, de se reproduire et de se nourrir (en deux mots).

Verticalement

1. Sont qualifiées ainsi les composantes de l'environnement tels que l'eau, l'air et les roches.

2. C'est une caractéristique des êtres vivants qui traduit le fait qu'ils grandissent au cours de leur vie.

3. Ensembles qui réunissent des êtres vivants qui possèdent des caractéristiques communes.

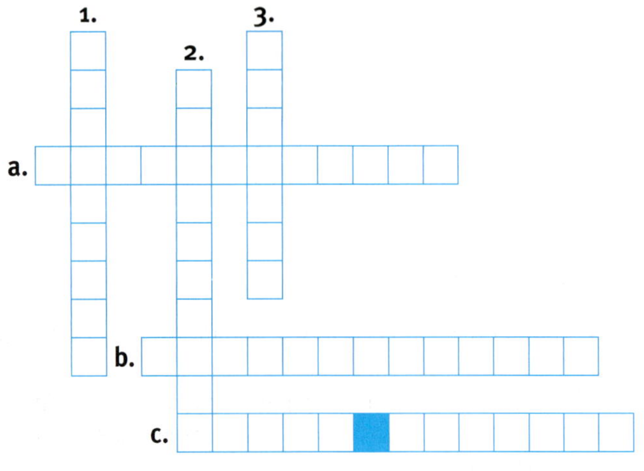

Évaluer ses compétences

4 Paysage désertique

Le pléiospilos est une plante d'aspect original que l'on peut observer dans les paysages désertiques.

Paysage désertique.

1. I Quelle originalité présente cette plante ?

2. I Ra Quel est l'indice qui prouve qu'il s'agit d'un être vivant et non d'un composant minéral de l'environnement ?

5 Fourmi et araignée

La fourmi et l'araignée ont toutes les deux un corps recouvert d'une cuticule dure et des pattes articulées. Elles font partie du groupe des arthropodes.

a. Une fourmi.

b. Une araignée.

1. C Ra Utiliser la clé de détermination des arthropodes, placée à la fin du livre, pour déterminer à quel groupe appartient chacun des animaux.

2. Ra Justifier la réponse en citant les caractères qui permettent de faire cette détermination.

6 Taupe et courtilière

a. La taupe creuse des galeries dans le sol à l'aide de ses pattes avant.

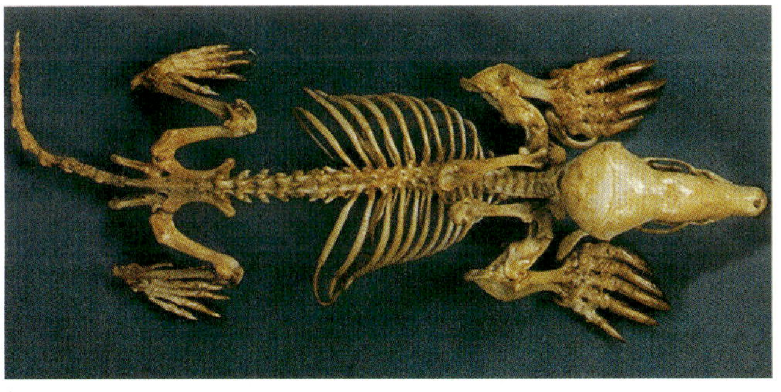

b. Squelette de taupe.

c. La courtilière vit dans des terriers qu'elle creuse dans le sol. Elle ne possède pas de squelette mais son corps est protégé par une carapace.

d. Patte avant de la courtilière.

1. I Ra La taupe et la courtilière vivent dans le sol. Indiquer des caractères semblables de ces deux animaux.

2. Ra En utilisant les clés de détermination, placées à la fin du livre, préciser pourquoi ces deux animaux appartiennent à des groupes différents.

7 Des vertébrés

a. Chauve-souris en vol.

b. Faucon crécerelle en vol.

En regardant ces animaux ci-dessus, Pierre dit : « Ce sont des oiseaux. »

Ra En utilisant la clé de détermination des vertébrés, placée à la fin du livre, indiquer si la proposition de Pierre est exacte. Préciser les critères de détermination.

Réaliser un herbier

Réaliser un herbier consiste à récolter des plantes dans leur environnement, avec certaines précautions, et à les faire sécher. Il est important d'utiliser une clé de détermination pour connaître le nom de chaque plante avant de les cueillir.

1 Matériel

- Des sachets (papier ou plastique).
- Un stylo et un carnet.
- Des feuilles de papier journal.
- Un gros livre.
- Un cahier herbier ou des feuilles « Canson ».
- Du ruban adhésif ou de la colle.

2 Récolte

- Repérer la plante à récolter et l'identifier pour s'assurer qu'elle n'est pas protégée ou dangereuse.
- Recueillir des informations sur le lieu où elle a été récoltée (forêt, prairie, zone lumineuse ou sombre, autres êtres vivants observés au voisinage) et les noter dans un carnet. On peut aussi faire une photo de la plante en place avant sa récolte.
- Récolter une plante en bon état, en coupant proprement la tige à ras du sol.
- Mettre la plante dans un sac papier (une seule plante par sac), et prendre soin du sac pendant le transport.

3 Préparation

- S'occuper de la plante récoltée le plus tôt possible (si elle reste trop longtemps dans le sac elle s'abîme, moisit ou se déchire).
- Placer la plante entre deux feuilles de papier journal en l'étalant au mieux.
- Mettre un objet plat et lourd, un livre par exemple, sur les feuilles de journal contenant la plante (on peut superposer plusieurs ensembles papier/plante).
- Changer les papiers journaux tous les jours, en prenant soin de la plante lors du changement (plus elle sèche et plus elle devient fragile). Ces opérations ont pour but de la faire sécher sans qu'elle ne moisisse.

4 Réalisation de l'herbier

- Lorsque la plante est sèche, la placer sur une feuille blanche, si possible légèrement cartonnée, et la coller (avec du ruban adhésif transparent ou un peu de colle, en évitant de mettre de la colle sur les pétales des fleurs).
- Inscrire proprement le nom de la plante.
- On peut aussi compléter la fiche en inscrivant dans d'autres cadres le lieu où la plante a été récoltée, la saison, les êtres vivants présents... On peut aussi coller une photo de la plante dans son environnement, avant cueillette.
- Placer la fiche obtenue dans une pochette plastique pour la protéger.
- Ranger toutes les fiches obtenues dans un classeur.

La répartition des êtres vivants

2

Arbres, arbustes, herbes, nénuphars ne sont pas répartis au hasard dans cet environnement.

OBSERVER
S'INTERROGER

La répartition des êtres vivants

1 Une répartition adaptée des végétaux : arbres, mousses, jacinthes des bois.

2 Une répartition des animaux qui peut varier selon l'humidité du milieu.

a. Escargots par temps humide.
b. Escargots par temps sec.

Facteurs agissant sur la répartition des êtres vivants

3 Connaître les caractéristiques d'un milieu.

a. Pour connaître les caractéristiques du milieu de vie des êtres vivants, on mesure sur le terrain la température, l'humidité et la luminosité du milieu. Ici, relevé de température sous une pierre où vivent des cloportes.

b. Élevage de cloportes prenant en compte les informations (température, humidité, luminosité) recueillies sur le terrain.

4 L'Homme agent de modifications des peuplements.

Paysage de bocages créés par l'Homme.

S'INTERROGER

- *Sur les endroits qu'occupent les êtres vivants dans un milieu : leur répartition.*
- *Sur l'influence des différents facteurs (température, humidité, luminosité) sur la répartition des êtres vivants.*
- *Sur l'influence de l'Homme sur la répartition des êtres vivants.*

ACTIVITÉS

1 La répartition des cloportes

Sur le terrain, on n'observe les cloportes que dans certains endroits. Quels sont les facteurs qui déterminent cette répartition ?

Les milieux de vie des cloportes

5 Différents environnements où vivent les cloportes.

a.

Les cloportes sont des petits crustacés terrestres qui se nourrissent de végétaux en décomposition.

a. Cloportes sous une écorce d'arbre, visibles après avoir soulevé l'écorce.

b. Cloportes dans les feuilles de la litière.

c. Cloportes observés après avoir soulevé une pierre.

b.

c.

QUESTIONS

S'INFORMER

① **Doc. 6**
Que signifie : « mesurer les caractéristiques physiques d'un milieu » ?

S'INFORMER ET RAISONNER

② **Doc. 5, 6, 7**
En utilisant les informations du document 6, indiquer les caractéristiques des milieux où l'on rencontre les cloportes et du milieu où ils sont absents.

③ **Doc. 6, 7**
Quels facteurs pourraient agir sur la répartition des cloportes ? Que faudrait-il faire pour vérifier ces idées lorsqu'on observe des cloportes dans une souche d'arbre ?

MOTS-CLÉS

- **Milieu de vie**
- **Caractéristiques physiques**
- **Environnement**

Des conditions de vie dans ces différents milieux

6 Mesure des caractéristiques physiques d'un milieu.

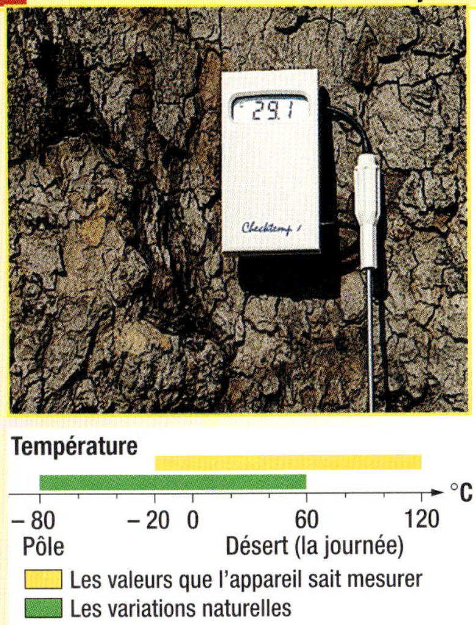

a.

b.

c.

a. Thermomètre. **b.** Luxmètre (la valeur affichée doit être x100). **c.** Hygromètre.

Thermomètre, luxmètre et hygromètre permettent, grâce à des capteurs appropriés, de mesurer la température, la luminosité et l'humidité de l'air d'un endroit donné.

7 Les caractéristiques du milieu de vie du cloporte.

Station	Température en °C	Luminosité en Lux	Humidité en %	Présence des cloportes
Sous l'écorce	29	8	55	Présents
Sur l'écorce	42,6	55700	30	Absents
Dans la litière	26	40	75	Présents
Sous la pierre	23	80	80	Présents

a.

b.

a. Les caractéristiques physiques du milieu de vie des cloportes (mesures faites en septembre par une journée ensoleillée).
b. Cloportes dans une souche d'arbre.

ACTIVITÉS

2 Conditions de vie et répartition des êtres vivants

L'humidité, la température et la luminosité sont des facteurs qui interviennent dans la répartition de certains animaux. D'autres facteurs jouent-ils un rôle dans la répartition des êtres vivants ?

Présence ou absence de sol

8 Localisation des lichens sur un mur.

Les lichens ne possèdent pas de racines. Ils sont capables de se développer sur un support dépourvu de sol.

9 Une localisation précise pour cette jeune plante.

Cette plante a besoin d'un sol pour fixer ses racines.

QUESTIONS

S'INFORMER

① **Doc. 8, 9**
Le sol est-il indispensable à l'installation de ces êtres vivants ? Justifier la réponse.

② **Doc. 10**
En été, quel est le comportement du hérisson pendant la journée ? Où le trouve-t-on pendant la nuit et que fait-il ?

③ **Doc. 11**
Quels sont les mois au cours desquels il y a le plus de hérissons tués sur la route ?

S'INFORMER ET RAISONNER

④ **Doc. 10, 11**
Comment expliquer qu'il y ait très peu de hérissons écrasés pendant l'hiver ?

MOTS-CLÉS

- **Répartition des êtres vivants**
- **Périodes d'activités**
- **Hibernation**

Une répartition qui peut varier selon les heures et les saisons

10 Les activités du hérisson au cours d'une journée d'été.

a. Comportement du hérisson, la journée, entre 6 heures et 20 heures durant les mois d'avril à septembre.

b. Dès la tombée de la nuit, le hérisson parcourt son territoire à la recherche de nourriture : insectes, mollusques, vers de terre...

c. Comportement du hérisson la nuit.

11 Le hérisson hiberne pendant l'hiver.

Mois	Janvier	Février	Mars	Avril	Mai	Juin	Juillet	Août	Septembre	Octobre	Novembre	Décembre
Nombre de hérissons morts	0	0	27	310	143	99	96	49	27	18	10	2

c.

a. Au début du mois d'octobre, le hérisson aménage un nid de feuilles mortes où il entre en hibernation.
b. Le hérisson en hiver. Au début du printemps, il reprend une vie active.
c. Nombre de hérissons trouvés morts sur une partie du réseau routier durant une année.

ACTIVITÉS

3 Action de l'Homme sur le peuplement des milieux

L'Homme par ses pratiques agricoles a modifié les caractéristiques de certains milieux.
Quelle a été l'influence de l'une de ces pratiques sur la répartition d'un certain nombre d'espèces ?

L'Homme agit localement sur le milieu

12 Le bocage : des terrains de culture morcelés.

Avant 1960, l'exploitation agricole se fait sur de petites parcelles délimitées par des haies. Puis, le matériel agricole évolue, il devient plus performant et de grande taille. Son utilisation dans les petites parcelles n'est plus rentable.

13 Une pratique agricole encouragée dans les années 1960.

Dans les années 1960, pour obtenir des parcelles d'une plus grande superficie et en faciliter l'exploitation agricole, l'Homme a arraché beaucoup de haies. On constate, 45 ans plus tard, une augmentation des populations des animaux ravageurs de cultures, une baisse des rendements de 5 à 15 % et un besoin d'arrosage des cultures plus important.

QUESTIONS

S'INFORMER

① **Doc. 12, 13**
Quelle est la raison pour laquelle l'Homme a arraché beaucoup de haies ?

② **Doc. 14**
Quel a été l'effet de l'arrachage des haies sur le peuplement animal ?

S'INFORMER ET RAISONNER

③ **Doc. 14, 15**
Proposer plusieurs explications à la diminution du rendement des cultures.

MOTS-CLÉS

- **Milieu modifié**
- **Biodiversité**

Le lien entre l'arrachage des haies et la diminution des rendements

14 Relations entre les êtres vivants des champs cultivés et des haies.

a.

b.

c.

d.

Suite à l'arrachage des haies, les populations de vipères, de belettes et autres animaux se nourrissant de campagnols, de mulots… ont fortement diminué. La haie favorise la biodiversité et la chaîne alimentaire qu'elle entretient permet de réguler naturellement les populations nuisibles pour les cultures.

e.

Le campagnol des champs vit dans les cultures, le mulot, la vipère, la belette ... vivent dans les haies.
a. Le campagnol se nourrit de racines, de jeunes pousses et de graines encore vertes.
b. Le mulot sort la nuit pour se nourrir de graines, de fruits, de pousses et de petits escargots.
c. La vipère se nourrit, entre autres, de campagnols.
d. La belette se nourrit, entre autres, de mulots et de campagnols.
e. La haie : source de biodiversité.

15 Autres conséquences de l'arrachage des haies.

a.

La haie est un coupe-vent, elle réduit la vitesse du vent de 30 à 50 % sur une distance égale de 10 à 20 fois sa hauteur. Elle réduit l'évaporation de 2 à 30 %, la rosée est plus importante et le sol est moins asséché.

b.

a. Aspect d'une culture de blé dans un champ sans haie et après de gros coups de vent.
b. La haie et son rôle vis-à-vis de certains facteurs physiques.

NOTIONS ESSENTIELLES

La répartition des êtres vivants

ACTIVITÉS 1

La répartition des cloportes

BILAN DES ACTIVITÉS

Les cloportes s'observent dans des milieux sombres, humides et où la température est modérée. Dans ces milieux, on trouve des matières en décomposition.

À RETENIR **Les êtres vivants ne sont pas répartis au hasard. Cette répartition semble dépendre des caractéristiques physiques (température, luminosité, humidité) du milieu et de la présence de nourriture.**

ACTIVITÉS 2

Conditions de vie et répartition des êtres vivants

BILAN DES ACTIVITÉS

Les lichens sont capables de s'installer et se développer sur un support sans sol, alors que les plantes ont besoin d'un sol pour implanter leurs racines et grandir.

Le hérisson mène une vie ralentie en hiver : il hiberne. Dès le printemps jusqu'au début de l'automne, il est actif la nuit, où il part à la recherche de nourriture, mais il dort la journée.

À RETENIR **La répartition des végétaux peut varier selon la présence d'un sol. Le sol est indispensable à l'installation des plantes, mais pas à celle des lichens. La répartition des animaux peut varier en fonction des saisons et en fonction des heures de la journée.**

ACTIVITÉS 3

Action de l'Homme et peuplement des milieux

BILAN DES ACTIVITÉS

L'arrachage des haies, encouragé pour améliorer les pratiques agricoles, s'est en fait soldé par une baisse de rendement.

Cette dernière est liée à une modification défavorable des caractéristiques du milieu. La suppression des haies a entraîné une baisse de la biodiversité. Les animaux présents dans la haie ont disparu, laissant ainsi les populations d'animaux ravageurs de cultures se développer. Sans haies, les cultures sont soumises à des vents plus puissants et à une sécheresse plus importante.

À RETENIR **L'Homme, en agissant sur l'environnement, modifie les caractéristiques de celui-ci et peut créer des conditions défavorables au maintien des nombreuses espèces. De fait, il est responsable de la diminution de la biodiversité.**

SCHÉMA BILAN

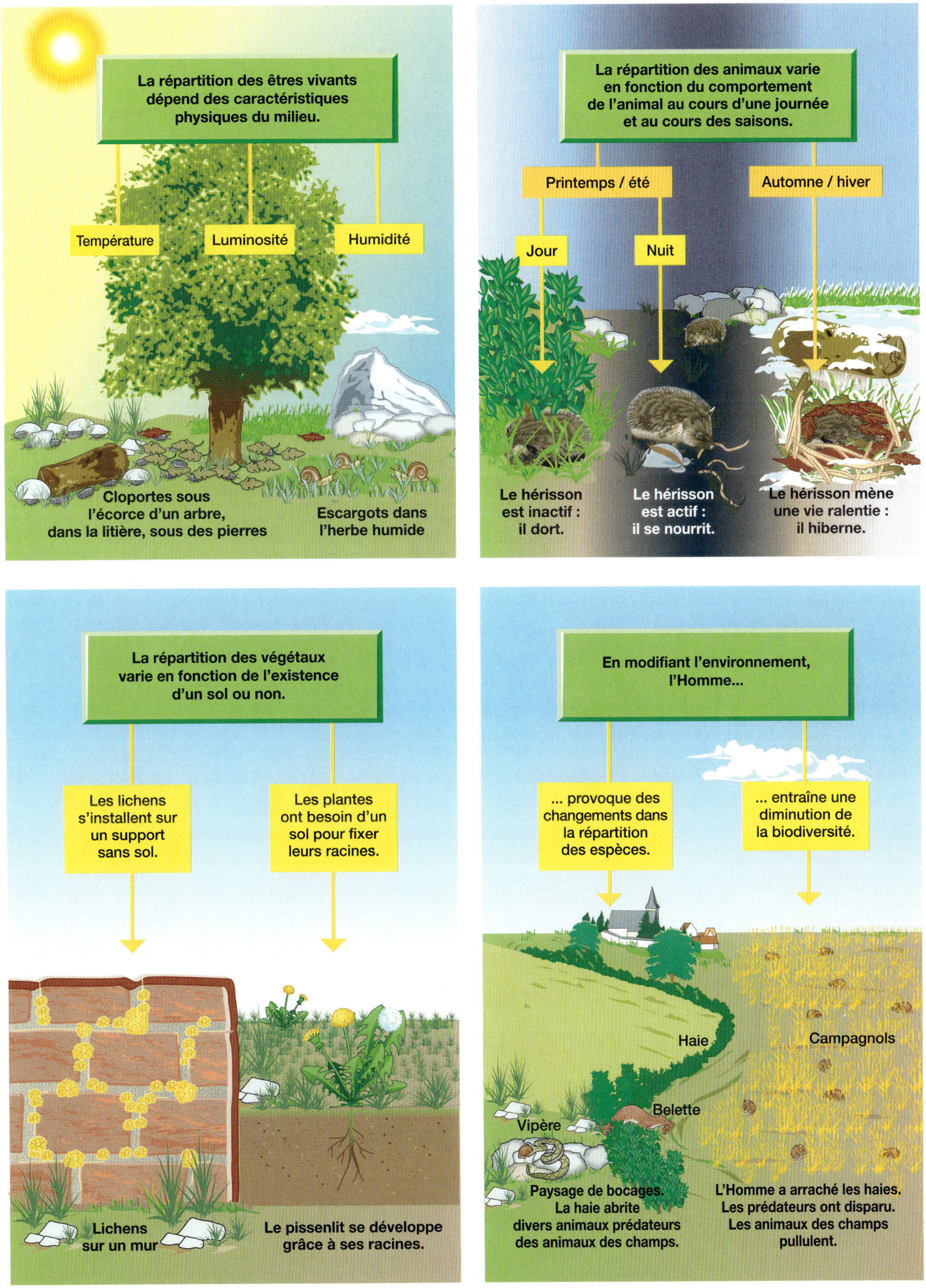

EXERCICES

Évaluer ses connaissances

1 Vrai ou faux ?

Indiquer quelles sont les phrases exactes et corriger celles qui sont fausses.

a. Les cloportes aiment les milieux sombres.

b. Seule la présence de nourriture influence la répartition des êtres vivants.

c. Les caractéristiques d'un milieu sont identiques toute l'année.

d. La répartition de certains animaux varie au cours des saisons.

e. Les caractéristiques d'un milieu peuvent être modifiées par l'action de l'Homme.

f. Pour toutes les espèces animales, la répartition reste la même quelle que soit l'heure de la journée.

2 Croisons les mots

Horizontalement

a. Il faut le préserver.

b. Crustacé terrestre qui vit dans des milieux humides et sombres.

c. Caractéristique physique mesurée avec un luxmètre.

Verticalement

1. Celle des êtres vivants n'est pas faite au hasard.

2. Il est nécessaire pour que les plantes développent leurs racines.

3. Caractéristique physique mesurée avec un hygromètre.

4. Caractéristique physique mesurée avec un thermomètre.

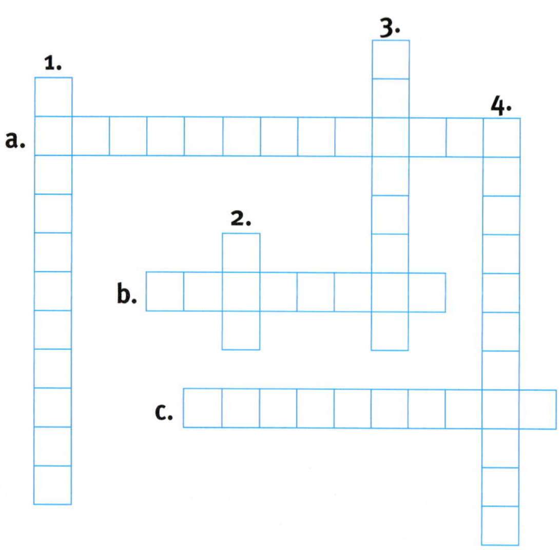

Évaluer ses compétences

3 Ils vivent tous dans un milieu aquatique

a. Piranha : poisson vivant dans une eau douce chaude.

b. Truite : poisson vivant dans une eau douce froide.

c. Poisson clown vivant dans une eau salée chaude.

d. Turbot : poisson vivant dans une eau salée froide.

1. Ra Quelles sont les caractéristiques du milieu prises en compte ?

2. Ra Pourquoi ne peut-on pas mettre tous ces poissons dans le même aquarium ?

4 Conditions de vie du lézard et de la salamandre

Les conditions d'ensoleillement, de température et d'humidité définissent les facteurs physiques d'un milieu.

a. Lézard et plante à fleurs sur un muret.

b. Salamandre et mousses dans un sous-bois

1. I Ra En étudiant la photo **a.**, quelles semblent être les caractéristiques d'exposition et d'humidité du milieu de vie du lézard ?
2. I Ra En étudiant la photo **b.**, quelles semblent être les caractéristiques d'exposition et d'humidité du milieu de vie de la salamandre ?
3. I Ra Ces deux animaux peuvent-ils vivre au même endroit ?

5 Lézard de montagne

Le lézard *Liolaemus* vit dans les montagnes du Pérou à 4 000 mètres d'altitude. Il passe la nuit dans un terrier. Peu de temps après le lever du soleil, il sort très péniblement de son terrier, se place sur des touffes d'herbes et s'expose au soleil. Une heure plus tard, le lézard est très actif. La température du lézard est passée de 3 degrés Celsius à 35 degrés Celsius.

1. I Ra À partir de ces indications, préciser le facteur du milieu qui semble avoir une influence sur la répartition de ce lézard.

6 Les conditions de vie du pyrrhocore

Les pyrrhocores sont des insectes qui se nourrissent de la sève de certaines plantes ou capturent de petits insectes.

a. Pyrrhocores, au printemps, sur un tronc d'arbre exposé au soleil. Sur un tronc exposé au soleil, la température atteint facilement 30 °C, la luminosité est importante : 45 000 lux, par contre l'humidité est faible : 45 %.

b. Pyrrhocores, au printemps, sur un mur exposé au soleil. Sur un mur exposé au soleil, la température atteint 33 °C, la luminosité est importante : 50 000 lux et l'humidité est faible : 42 %.

c. Pyrrhocores, au printemps, sur une fleur exposée au soleil. Sur une fleur exposée au soleil, la température peut atteindre 28 °C, la luminosité est importante : 50 000 lux, par contre l'humidité est faible : 50 %.

1. I C Regrouper, dans un tableau, les caractéristiques des différents milieux où l'on a observé des pyrrhocores au cours d'une journée ensoleillée de printemps.
2. I Ra Indiquer les facteurs du milieu qui semblent avoir un effet sur la répartition des pyrrhocores.

7 La caulerpe

La caulerpe, algue d'origine tropicale, a été observée, pour la première fois en Méditerranée, à Monaco en 1984. Il s'agit d'une introduction accidentelle due à l'Homme, sans doute causée par le rejet dans la mer de cette algue utilisée en aquariophilie.

Année	1984	1990	1991	1992	1993
Surface	1 m²	30 000 m²	300 000 m²	4 700 000 m²	13 000 000 m²

Année	1994	1996	1998	2001
Surface	15 000 000 m²	31 000 000 m²	46 300 000 m²	130 000 000 m²

a. Surfaces occupées par la caulerpe de 1984 à 2001.

b. Caulerpes ayant envahi un peuplement de posidonies. Ces dernières sont des plantes caractéristiques des fonds du littoral.

La caulerpe occupe tous les substrats rocheux, vaseux, sableux. Des plongeurs ont observé des colonies denses de caulerpe de 1 à 2 mètres de diamètre alors que six mois auparavant, il n'y avait aucune caulerpe. Les colonies de caulerpe s'étendent de zéro à cinquante mètres de profondeur.
Dans les zones colonisées par la caulerpe, le nombre d'espèces d'algues est de 25 % à 55 % plus faible que dans les zones non colonisées. Sur substrat rocheux, des observations ont montré, en dix mois, une diminution de 70 % du nombre d'oursins de l'espèce *Paracentrotus lividus* par rapport à une zone témoin sans caulerpe. Dans les fonds sableux, on a constaté une diminution de certaines espèces de poissons comme la sole.

c. La caulerpe : une algue envahissante.

d. Les oursins de l'espèce *Paracentrotus lividus* sont menacés par la caulerpe.

1. I Ra La caulerpe est une espèce dite envahissante. Définir cette expression à partir des renseignements fournis.
2. I Ra Montrer en quoi, l'Homme a provoqué, par son action, une diminution de la diversité du monde vivant sur le littoral méditerranéen.
3. I C Il est actuellement interdit de posséder la caulerpe dans un aquarium, de la vendre et même de la transporter ; des affiches indiquent aux plaisanciers : « Si vous la rencontrez, signalez là ; évitez de la disséminer. » À quoi servent ces recommandations ?

8 Des champs cultivés dans le désert

En modifiant certaines caractéristiques du milieu désertique, l'Homme peut cultiver certaines plantes.

Parcelles cultivées et arrosées par jet rotatif dans le désert de Jordanie.

1. I Ra Quelles sont les caractéristiques du milieu que l'Homme a modifié au niveau de ces parcelles ?
2. I Ra Pourquoi les parcelles cultivées sont-elles circulaires ?

Expérimenter

Réaliser un élevage de grillons

Quel plaisir d'entendre le chant des grillons ! On peut se les procurer dans une animalerie. Voici donc toutes les astuces pour bien réussir cet élevage.

1 Le cadre de vie

- Dans un aquarium, mettre sur le fond, de la tourbe blonde (elle est acide et peu favorable au développement de parasites).
- Planter un rameau de bois bien sec (les insectes grimperont dessus pour muer).
- Mettre une pierre ou brique creuse, les insectes pourront s'y cacher si besoin.
- Recouvrir d'une plaque de Plexiglas.

2 La nourriture

- Mettre dans des couvercles de pots de confiture :
- De la «germaline» (rayons diététiques des grandes surfaces), la choisir en paillettes car la poudre abîme la peau des insectes.
- De la nourriture pour poissons et tortues (paillettes jaunes, rouges, vertes).
- Aucun produit frais (ils contiennent trop d'insecticides).

3 La température

- Les grillons se développent sans difficulté entre 20 °C et 25 °C. Il faut donc placer le terrarium près d'un radiateur.
- Attention ! si l'on part en vacances, il faut être sûr que la température de la pièce ne descendra pas en dessous de 17 °C.

4 Construire un abreuvoir

- Plier en quatre une feuille d'essuie tout. La découper pour pouvoir tapisser le fond d'un couvercle de pot de confiture.
- Mouiller l'essuie tout.
- Remplir d'eau un petit pot en verre.
- Poser dessus le couvercle de confiture avec son essuie tout. Retourner le tout en tenant le couvercle bien serré sur le pot.
- Ainsi, l'essuie tout sera maintenu humide. Cette humidité est suffisante pour les grillons.

5 Avoir des petits

- Dans une boîte en plastique transparente créer une zone humide.
- Mélanger 1/3 de sable fin, 1/3 de petits graviers, 1/3 de tourbe bonde, remplir la boîte en plastique et bien mouiller.
- Placer dans le terrarium la boîte, le plus loin possible de la source de chaleur.
- Humidifier régulièrement avec un pulvérisateur.
- Les femelles viendront pondre.

PARTIE

PROGRAMME

- **L'occupation du milieu par les êtres vivants varie au cours des saisons.**

Ces variations de peuplement du milieu se caractérisent par :
- des alternances de formes chez les espèces végétales (graine, bourgeon, organes souterrains) ;
- des comportements et des alternances de formes chez les espèces animales (adultes, larves).

- **Les végétaux colonisent le milieu :**
- **par la reproduction sexuée,**
- **par la reproduction végétative.**

L'installation des végétaux dans un milieu est assurée par des formes de dispersion : graines et spores.

La formation de la graine nécessite le dépôt de pollen sur le pistil de la fleur.

La colonisation du milieu est assurée par certaines parties du végétal.

- **L'Homme influe sur le peuplement du milieu selon ses choix d'aménagement, ses besoins alimentaires ou industriels.**

Son influence est directe ou indirecte.

CHAPITRES

2

Peuplement d'un milieu

PARTIE 2

Le peuplement d'un milieu

3 Peuplement d'un milieu par les végétaux

4 Peuplement végétal au cours des saisons

5 Peuplement animal au cours des saisons

Peuplement d'un milieu par les végétaux

3

Des plantes s'installent et peuplent de nouveaux milieux.

Des végétaux installés dans un milieu

1 Des coquelicots et d'autres végétaux se sont installés sur ce vieux mur.

Des éléments et des conditions indispensables à l'installation

2 Des plantes à fleurs et des plantes sans fleurs installées sur un mur.

a. Pissenlit en fleurs.

b. Fougère (polypode).

3 L'installation d'un cocotier sur une plage.

a. Une noix de coco transportée sur une plage.

b. Une noix de coco germée sur une plage.

c. Un jeune cocotier installé sur une plage.

S'INTERROGER

- *Sur les formes de dispersion qui permettent aux végétaux de s'installer dans un nouveau milieu.*
- *Sur les conditions nécessaires à l'installation des végétaux.*
- *Sur l'origine des formes de dispersion des végétaux à fleurs et sans fleurs.*

ACTIVITÉS 1 Peuplement d'un milieu par des graines

Certaines plantes produisent des graines qui vont coloniser de nouveaux milieux de vie. Quelles sont les caractéristiques de ces organes ?

Les graines : organes de dissémination

4 Capitule du pissenlit.

Un capitule de pissenlit porte environ deux cents fruits. Chaque fruit, muni d'une aigrette, contient une graine.

5 Fruit du coquelicot libérant des graines.

Un fruit de coquelicot peut libérer des milliers de graines disséminées (dispersées) par le vent.

QUESTIONS

S'INFORMER ET RAISONNER

① **Doc. 4, 5**
Indiquer l'agent de dispersion des graines de pissenlit et de coquelicot.

② **Doc. 6, 7**
Quelle est la propriété des graines qui leur permet d'assurer la colonisation d'un nouveau milieu ?

③ **Doc. 7**
Indiquer ce que deviennent les différentes parties de la graine au cours de la germination.

MOTS-CLÉS

- **Dispersion des graines**
- **Germination des graines**
- **Installation dans un nouveau milieu**

Les graines à l'origine de nouvelles plantes

6 La germination d'une graine de pissenlit.

Au printemps lorsque les conditions sont favorables, les graines germent.

a. Graine de pissenlit posée sur le sol.
b. Début de la germination : apparition de la racine 5 à 8 jours plus tard.
c. Jeune plantule. Au bout de quinze jours, les premières feuilles sont visibles.

7 Les caractéristiques d'une graine.

a. Coupe d'une graine de haricot. Toutes les graines contiennent une plante miniature appelée embryon. Même âgée de 10 à 25 ans, la graine de haricot conserve ses capacités à germer.
b. De la graine au développement de la jeune plantule.

ACTIVITÉS

2 Les conditions de la germination

Toutes les graines contiennent une plante en miniature qui sera à l'origine d'une nouvelle plante lors de la germination. Quelles sont les conditions nécessaires à la germination ?

L'importance d'un sol

8 Présence ou absence d'un sol pour la germination des graines.

a. Germination d'une graine de pissenlit sur un sol.
b. Germination de graines de pissenlit sur un papier filtre. Le papier a été maintenu humide à une température de 15 à 20 °C.

9 Présence d'un sol : indispensable pour le développement des plantes.

a. Développement jusqu'à maturité d'un pissenlit.
b. Développement des racines d'un pied de pissenlit.

QUESTIONS

S'INFORMER ET RAISONNER

① **Doc. 8**
La présence d'un sol est-elle nécessaire à la germination des graines ? Justifier la réponse.

② **Doc. 9**
Préciser l'importance du sol pour l'installation du pissenlit dans son milieu de vie.

RAISONNER ET COMMUNIQUER

③ **Doc. 10, 11**
À l'aide des résultats obtenus pour chacune des expériences, préciser quelles sont les conditions favorables à la germination des graines.

MOTS-CLÉS

- **Graines**
- **Conditions de germination**

Des conditions favorables à la germination des graines

10 Influence de la présence d'eau sur la germination.

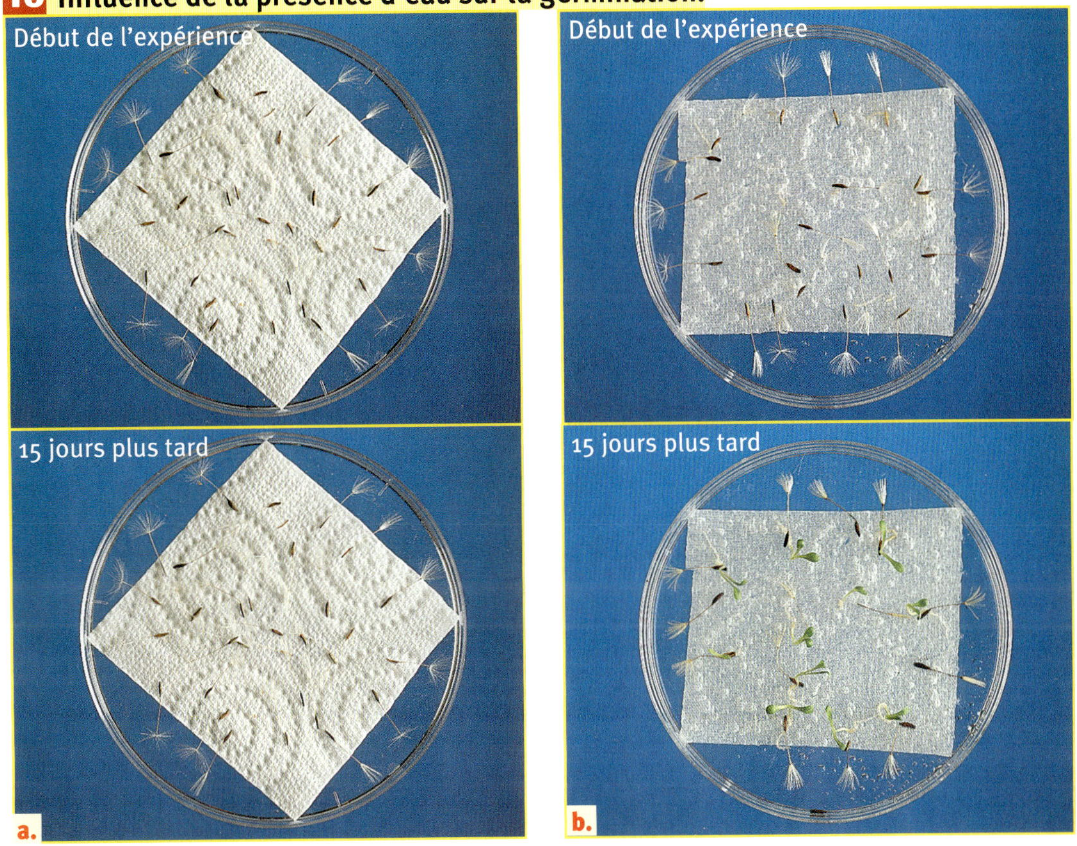

Des graines de pissenlit sont mises à germer dans des conditions d'humidité différentes. On observe quinze jours plus tard le résultat.

a. Des graines sont placées à 20 °C sur un milieu maintenu sec.

b. Des graines sont placées à 20 °C sur un milieu maintenu humide.

11 Influence de la température sur la germination.

Des graines de pissenlit sont mises à germer dans des conditions de température différentes. On observe quinze jours plus tard le résultat.

a. Des graines sont placées sur un milieu maintenu humide à 5 °C.

b. Des graines sont placées sur un milieu maintenu humide à 20 °C.

ACTIVITÉS 3

L'origine des graines

La formation des fruits et des graines est toujours précédée de l'épanouissement de fleurs. Comment les fruits et les graines apparaissent-ils à partir des fleurs ?

Des fleurs avant les fruits

12 La fleur du coquelicot.

Les pétales colorés, rouges, entourent le cœur de la fleur ; au centre se trouve un cône vert renflé et strié, c'est le pistil. Il est entouré de plusieurs étamines.
a. Fleur vue du dessus.
b. Fleur dont une partie des pétales a été retirée.

13 Le contenu du pistil et celui des étamines.

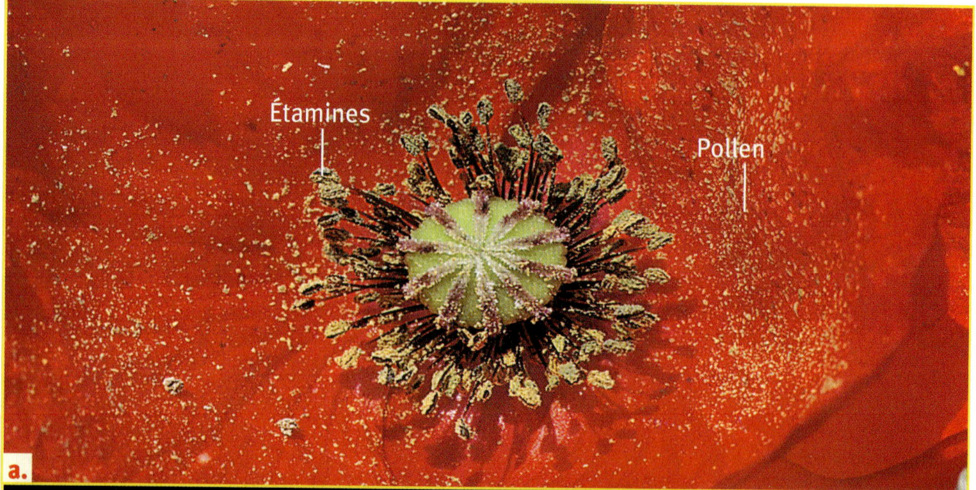

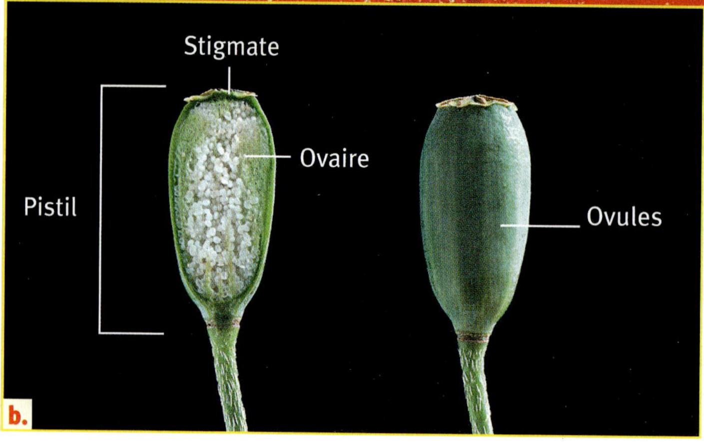

a. À maturité, les étamines s'ouvrent et libèrent du pollen.
b. Coupe d'un pistil de coquelicot. Le pistil comprend un stigmate et un ovaire qui contient des ovules.

QUESTIONS

S'INFORMER ET COMMUNIQUER

① **Doc. 12**
Réaliser un dessin de la fleur de coquelicot et placer les légendes suivantes : pétales, pistil, étamines.

② **Doc. 13, 14**
Décrire l'évolution de la fleur de coquelicot.

S'INFORMER ET RAISONNER

③ **Doc. 13, 14**
Quelle partie de la fleur est devenue un fruit ? Quels éléments sont devenus les graines ?

④ **Doc. 15**
Les étamines sont-elles des organes indispensables pour la formation des fruits et des graines ?

MOTS-CLÉS

- **Fleur**
- **Pistil**
- **Pollen**
- **Ovules**
- **Fruit**
- **Graines**

Le devenir des fleurs et la production de graines

14 L'évolution de la fleur de coquelicot.

a. Fleur fanée.
b. Fruit en formation.
c. Fruit mûr libérant des graines.
d. Coupe de fruit mûr.

15 Une expérience d'ensachage sur une fleur de coquelicot.

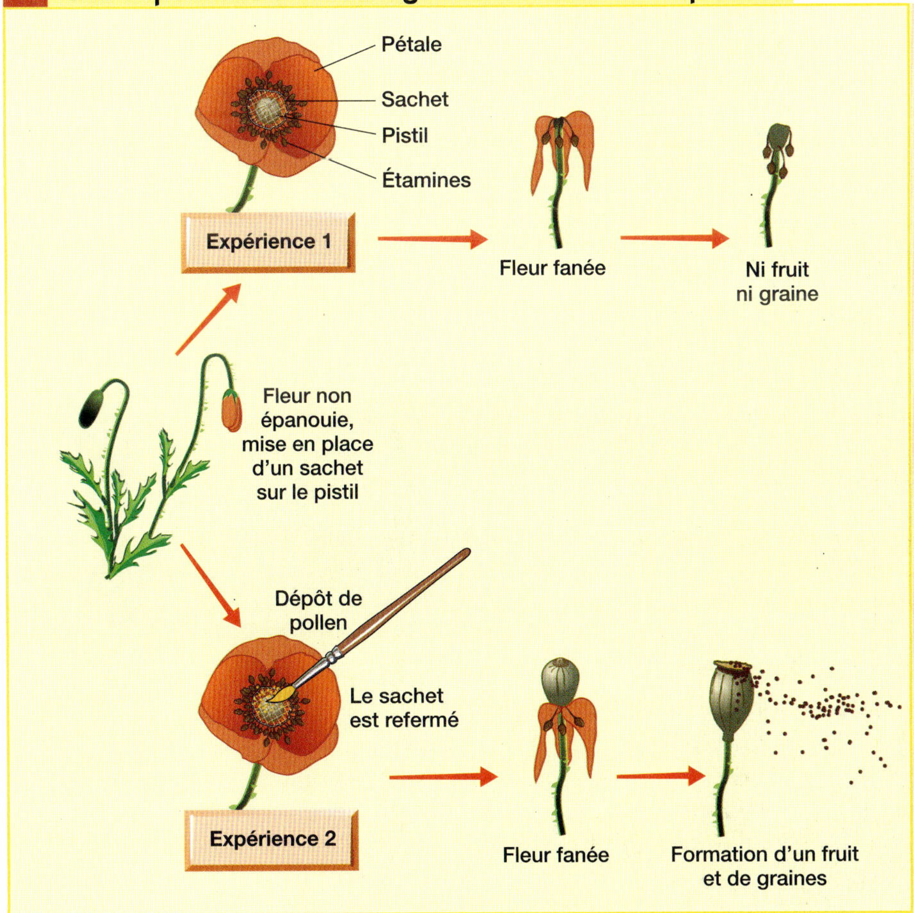

Expérience 1

Avant que la fleur ne soit ouverte (épanouie), on entoure le pistil d'un sachet. Celui-ci laisse passer l'air mais pas le pollen. Quelques jours plus tard, la fleur s'épanouit, puis fane, mais le pistil ne se développe pas et il n'y a pas de production de graines.

Expérience 2

Avant que la fleur ne soit épanouie, on entoure le pistil d'un sachet. Quand la fleur est épanouie, on dépose sur le pistil du pollen, à l'aide d'un pinceau, puis on referme le sachet. Quelques jours plus tard, la fleur fane et le pistil se développe en fruit. Puis le fruit mûr libère des graines.

ACTIVITÉS 4

Peuplement d'un milieu par des spores

Certains végétaux ne produisent pas de fleurs, ils ne fabriquent donc ni fruits ni graines. Comment peuvent-ils coloniser de nouveaux milieux ?

Mousses et fougères : des plantes sans fleurs

16 Les sporanges d'une mousse (la barbule des murs).

a. Les mousses sont des plantes sans fleurs. Au moment de la reproduction, chaque pied de mousse porte une tige qui se termine par un organe renflé appelé sporange.
b. Un pied de mousse portant un sporange.

17 Les sporanges d'une fougère (le polypode).

a. Le polypode est une plante sans fleurs que l'on trouve sur les murs.
b. Au moment de la reproduction, des amas de sporanges apparaissent sur la face inférieure des feuilles.
c. Chaque boule jaunâtre est un sporange.

QUESTIONS

S'INFORMER ET COMMUNIQUER

① **Doc. 16, 17**
Comparer le nombre de sporanges par plante chez la mousse et la fougère.

S'INFORMER ET RAISONNER

② **Doc. 18, 19**
Préciser le rôle des sporanges chez la mousse et la fougère.

③ **Doc. 18, 19**
Quelles sont les caractéristiques des spores (nombre, taille, mobilité).

④ **Doc. 18, 19**
Expliquer l'origine d'un pied de mousse et d'un pied de fougère qui se sont installés sur un mur.

MOTS CLÉS

- **Spores**
- **Dispersion**
- **Germination**
- **Installation dans un nouveau milieu**

Les spores des mousses et des fougères

18 La libération et le devenir des spores de polytric (mousse).

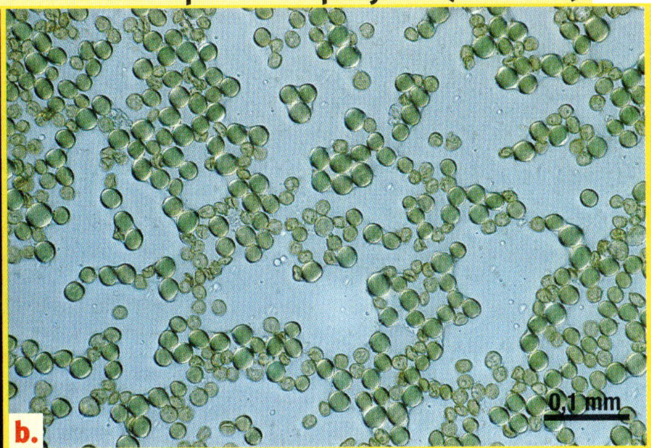

a. À maturité, chaque sporange s'ouvre et libère des spores très nombreuses et très légères qui sont facilement dispersées par le vent.
b. Spores de polytric observées au microscope optique.
c. La dispersion puis la germination d'une spore de mousse a donné naissance à cette jeune mousse observée au microscope optique.

19 La libération et le devenir des spores de polypode (fougère).

a. Amas de sporanges de polypode qui, à maturité, se déchirent et libèrent de nombreuses spores minuscules et légères.
b. Sporange de polypode libérant des spores, observé au microscope optique.
c. Transportée dans un nouveau milieu, la spore de fougère germe si les conditions sont favorables. (Observation au microscope optique.)
d. Jeune plant de fougère.

NOTIONS ESSENTIELLES

Peuplement d'un milieu par les végétaux

ACTIVITÉS 1

Peuplement d'un milieu par des graines

BILAN DES ACTIVITÉS

Les graines de pissenlit et de coquelicot sont légères et dispersées par le vent. Elles sont capables de germer pour donner une plante comme celle qui leur a donné naissance. La graine de haricot contient une plante miniature qui est à l'origine de la nouvelle plante.

À RETENIR **Les graines sont dispersées et permettent la conquête de nouveaux milieux. Elles sont capables de germer. Elles contiennent toutes une plante miniature ou embryon, qui deviendra la nouvelle plante lors de la germination.**

ACTIVITÉS 2

Les conditions de la germination

BILAN DES ACTIVITÉS

Le pissenlit germe, puis la nouvelle plante implante ses racines dans le sol. Le sol n'est pas indispensable à la germination mais il est indispensable pour le développement et l'installation de la plante dans un milieu. La germination des graines de pissenlit ne se fait qu'en présence d'eau et n'a pas lieu si la température est trop basse.

À RETENIR **La colonisation d'un nouveau milieu à partir de graines nécessite la germination de la graine et l'installation des racines de la jeune plante dans le sol.**
La germination nécessite certaines conditions : présence d'eau et une certaine température. Le sol n'est pas indispensable à la germination.

ACTIVITÉS 3

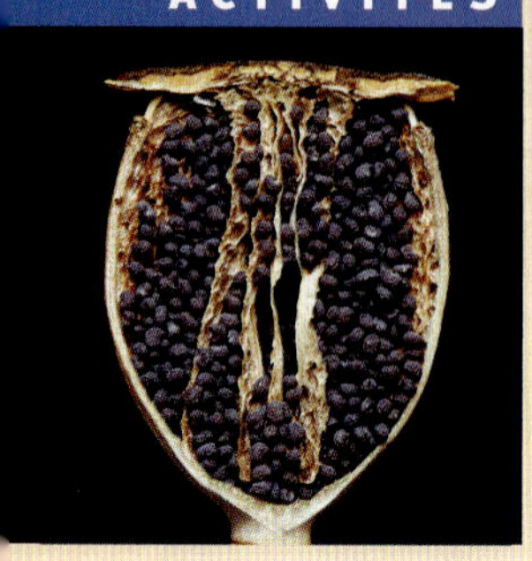

L'origine des graines

BILAN DES ACTIVITÉS

Lorsque la fleur fane, seul le pistil se développe. L'ovaire du pistil se transforme en fruit. Les ovules contenus dans l'ovaire se transforment en graines. Le pollen est indispensable à la formation des fruits et des graines.

À RETENIR **Le pollen libéré par les étamines permet la transformation de l'ovaire en fruit et des ovules en graines.**

ACTIVITÉS 4

Peuplement d'un milieu par des spores

BILAN DES ACTIVITÉS

Les sporanges des mousses libèrent des spores, tout comme les sporanges des fougères. Les spores libérées sont petites et nombreuses ; elles sont transportées par le vent et sont capables de germer pour former une nouvelle plante.

À RETENIR **Les mousses et les fougères sont des plantes sans fleurs ; elles ne produisent donc ni fruits, ni graines. Mais elles possèdent des organes (sporanges) qui libèrent de nombreuses spores. Ces spores, dispersées par le vent, donnent, en germant, de nouvelles plantes.**

SCHÉMA BILAN

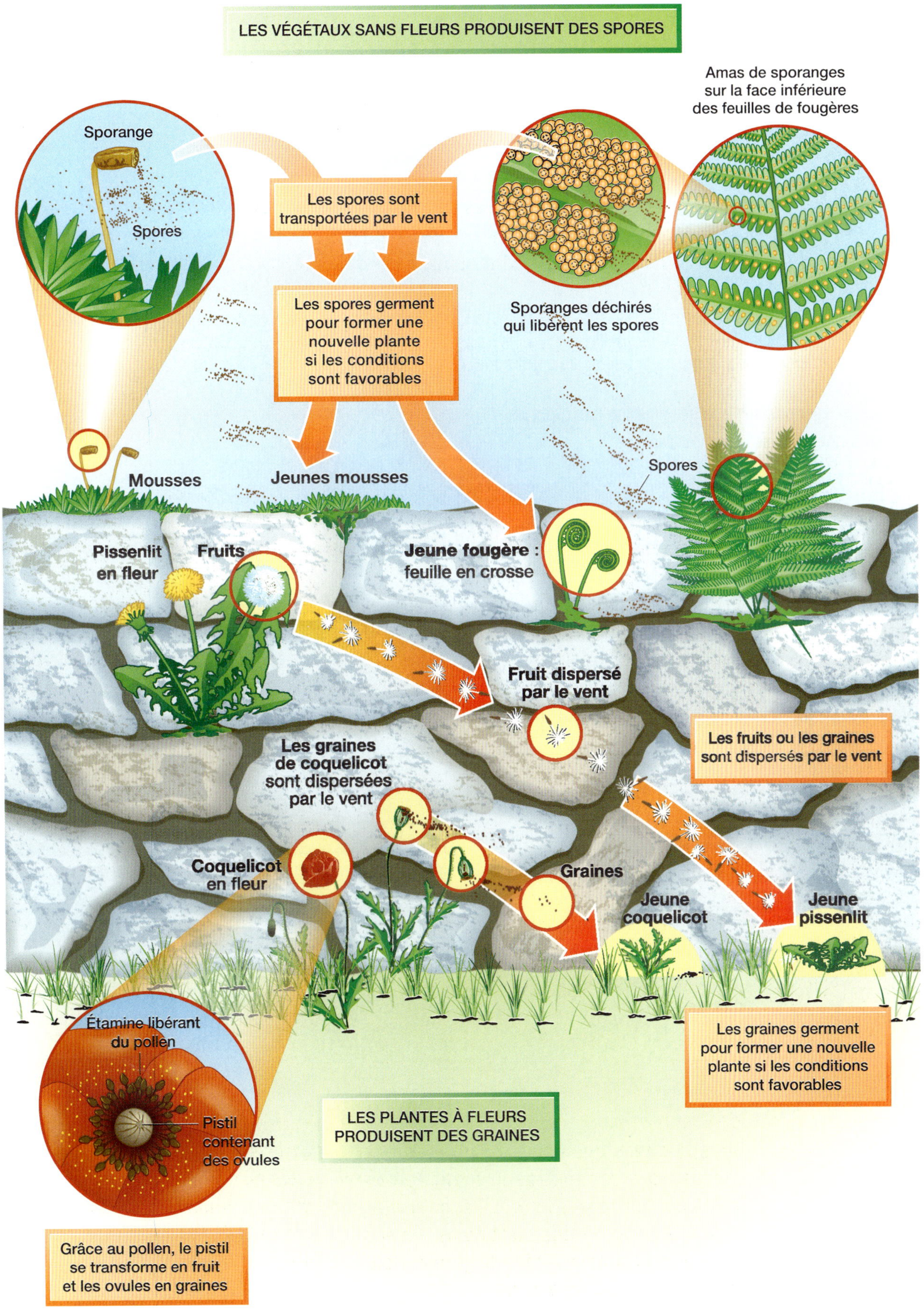

EXERCICES

Évaluer ses connaissances

1 Vrai ou faux ?

Indiquer les phrases exactes et corriger celles qui sont fausses.

a. Les plantes à fleurs produisent des spores.

b. Le pollen est indispensable à la formation des graines.

c. Les plantes sans fleurs possèdent un pistil.

d. Les spores et les graines ne germent que si les conditions sont favorables.

e. Le sol est indispensable à la germination des graines.

f. Les sporanges libèrent des spores.

2 Croisons les mots

Horizontalement

a. Phénomène qui permet à la graine de former une nouvelle plante.

b. Ils se trouvent sur la face inférieure des feuilles de fougères et produisent des spores.

c. Elles produisent et libèrent du pollen.

Verticalement

1. Elle provient de la transformation d'un ovule grâce au pollen.

2. Elle précède le fruit.

3. Il provient de la transformation de l'ovaire grâce au pollen.

4. Elles sont contenues dans les sporanges.

5. Organe de la fleur qui reçoit le pollen et qui contient les ovules.

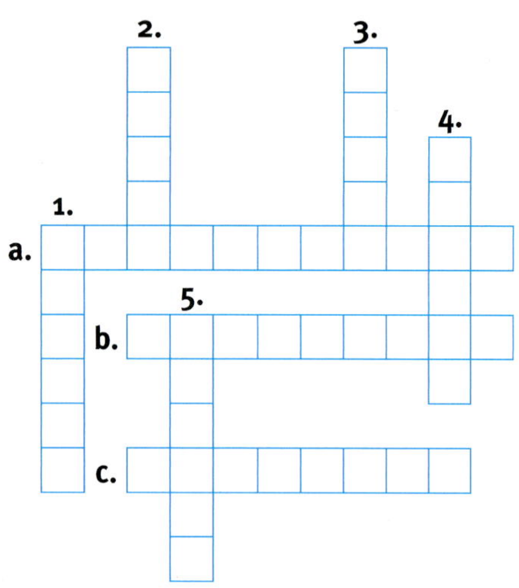

Évaluer ses compétences

3 Des fruits et des agents de dispersion

a.

b.

c.

d.

a. Fruit de l'érable.

b. Fruit du houx.

c. Fruit de la carotte sauvage.

d. Fruit de la clématite.

Ra Indiquer pour chacun de ces fruits l'agent de dispersion.

4 L'origine des graines de melon

Chez le melon, il existe deux types de fleurs.

a. Fleur de type A dont certains pétales et sépales ont été retirés.
b. Coupe de l'ovaire.

c. Fleur de type B dont certains pétales et sépales ont été retirés.

d. Coupe dans les étamines.

e. Le devenir de la fleur de type A.
f. Le devenir de la fleur de type B.

g. Coupe d'un melon.

1. I Indiquer les différences importantes entre les deux types de fleurs.

2. I Ra Comparer le devenir des deux types de fleurs et proposer une explication.

3. I Ra Expliquer en quoi le devenir des fleurs de type A dépend des fleurs de type B.

5 Colonisation d'un milieu par des moisissures

Des moisissures sont des champignons qui apparaissent en quelques jours sur des fruits mûrs.

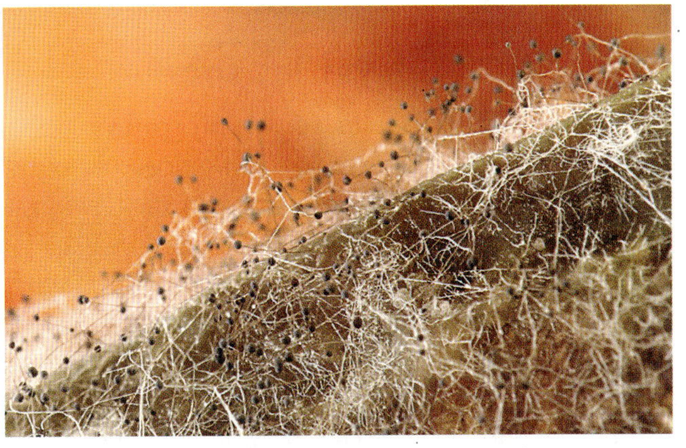

a. Les moisissures sont des êtres vivants filamenteux qui s'étendent sur les fruits. Ici, une tranche de melon laissée à l'air libre et observée à la loupe (x 5).

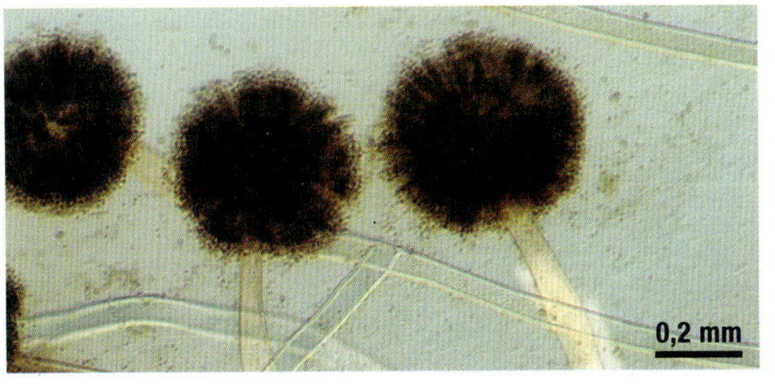

b. Observation au microscope optique des boules noires apparues sur les filaments des moisissures. À maturité, les boules noires libèrent de nombreux petits éléments qui sont dispersés dans l'air.

1. I Ra Comment pourrait-on appeler les boules noires et les éléments qu'elles libèrent ?

2. I Ra Comment expliquer que la moisissure ait pu s'installer sur le melon.

Faire germer des spores

Les graines et les spores sont des organes de dissémination car ils sont transportés et sont capables de germer. On peut faire germer des graines mais aussi des spores.

Amas de sporanges sur la face inférieure d'une feuille de fougère.

1 Faire sécher une feuille de polypode

- Choisir une feuille de polypode (fougère) dont les sporanges sont encore jaunes (pas trop mûrs).
- La mettre dans un sac en papier maintenu vertical et ouvert (il ne faut pas qu'elle moisisse).

2 Prélever les spores

- Lorsque la feuille de polypode est sèche, prélever avec un pinceau la poudre jaune clair sur les parois du sac (ce sont les spores), pas ce qui est jaune foncé au fond du sac : ce sont les parois des sporanges.
- Rincer le pinceau dans un verre rempli d'eau, prélever à nouveau des spores et renouveler plusieurs fois l'opération. On obtient une suspension de spores.

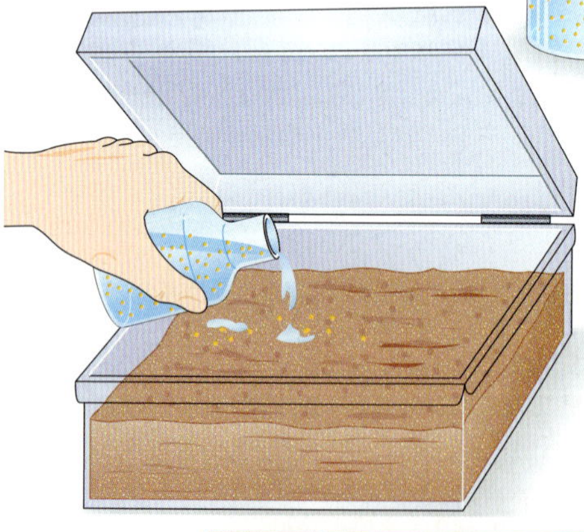

3 Semer les spores

- Mettre de la tourbe blonde (on la trouve dans toutes les jardineries) dans une barquette en plastique transparent possédant un couvercle.
- Arroser généreusement, la tourbe doit être très humide.
- Agiter la suspension de spores et la répandre sur la tourbe blonde puis refermer le couvercle (ceci permet de garder le milieu humide).
- Placer la barquette loin des rayons du soleil, mais pas dans le noir (au-dessus d'une armoire par exemple).

Jeunes plants de fougère.

Patience

- **Attendre de quinze jours à un mois pour voir apparaître de petites lames vertes.**
- **Au bout de deux à trois mois, une petite fougère se développe.**

Peuplement végétal au cours des saisons

4

L'aspect des peuplements végétaux varie au cours des saisons. Au début du printemps, les bulbes de tulipes enfouis dans le sol, fleurissent.

Une forêt au fil des saisons

1 Forêt en hiver.

2 Forêt au printemps.

Un beau jardin, le fruit d'un travail au cours des saisons

3 Quand l'Homme intervient.

a.

b.

a. Lorsqu'un terrain est abandonné, certains végétaux envahissent le terrain.

b. Pour obtenir ce jardin fleuri, l'Homme est intervenu.

4 Massif de dahlias en fleurs.

Le dahlia est une plante équatoriale d'origine mexicaine qui fleurit de juillet à octobre.

5 Massif d'iris en fleurs.

Ce massif d'iris fleurit tous les ans au mois de mai. Depuis trois ans, il s'est propagé.

S'INTERROGER

- *Sur les changements d'aspect de la végétation au cours des saisons.*
- *Sur les organes qui assurent la reprise de la végétation au printemps.*
- *Sur les organes qu'utilise l'Homme pour obtenir un jardin fleuri.*
- *Sur les moyens utilisés par les végétaux pour envahir le milieu et l'exploitation par l'Homme de ces procédés.*

ACTIVITÉS

1 Alternances de formes au cours des saisons

L'aspect de la végétation varie au cours des saisons. Comment se fait l'alternance de formes chez les plantes à fleurs ? Les jardiniers parlent de plantes annuelles et de plantes vivaces. Que signifient ces expressions ?

Plantes annuelles au rythme des saisons

6 Le cosmos : une plante annuelle.

a.

b.

c.

d.

a. De juillet à septembre, les cosmos sont en fleurs.
b. Pendant tout l'été de nombreuses graines tombent sur le sol.
c. Au début de l'automne, les cosmos se dessèchent et meurent.
d. Début mai, les graines germent et donnent de jeunes plants.

QUESTIONS

S'INFORMER ET RAISONNER

① **Doc. 6**
Indiquer sous quelle forme le cosmos passe l'hiver.

② **Doc. 7**
Indiquer sous quelle(s) forme(s) la tulipe passe l'hiver.

③ **Doc. 6**
Expliquer ce qu'est une plante annuelle.

④ **Doc. 7**
Expliquer ce qu'est une plante vivace.

MOTS-CLÉS

- **Plantes vivaces**
- **Plantes annuelles**
- **Graines**
- **Bulbes**
- **Alternance de formes**

Plantes vivaces au rythme des saisons

7 La tulipe : une plante vivace.

a. Parterre de tulipes en fleurs, au printemps.
b. Pied de tulipe déterré au printemps.
c. En juin, le fruit mûr de tulipe libère des graines. On peut obtenir la germination de graines de tulipes, mais il faut sept ans pour que les bulbes atteignent une taille suffisante permettant à la plante de fleurir.

d. En juillet, la tige aérienne de chaque tulipe est fanée mais un nouveau bulbe s'est formé.
e. Au début du printemps, une tige aérienne se développe à partir du nouveau bulbe.

ACTIVITÉS

2 Les bourgeons des plantes vivaces

Une plante vivace conserve, en hiver, des organes qui lui permettent de se développer au printemps. Qu'ils soient souterrains ou aériens, ces organes portent toujours des bourgeons. Qu'est-ce qu'un bourgeon ?

Les bourgeons des organes souterrains

8 Les bourgeons du bulbe de tulipe à l'automne.

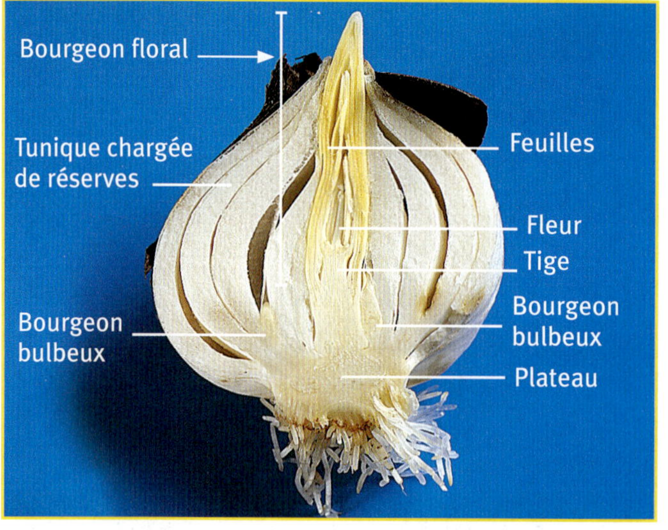

Le bulbe de tulipe renferme, à l'automne, deux ou trois bourgeons :
– un bourgeon floral qui renferme une tige embryonnaire avec feuilles et fleur ;
– un ou deux bourgeon(s) bulbeux, à l'origine du (des) nouveau(x) bulbe(s). Souvent, il n'y a qu'un seul bourgeon bulbeux dans un bulbe.

9 Le bourgeon du rhizome du sceau-de-Salomon à l'automne.

Le sceau-de-Salomon est une plante vivace, de sous-bois, qui fleurit au mois de juin.
a. Tige aérienne, portant des fruits, et rhizome du sceau-de-Salomon en septembre.
b. Rhizome du sceau de salomon, à l'automne.
c. Coupe d'un bourgeon du rhizome du sceau-de-Salomon à l'automne.

QUESTIONS

S'INFORMER ET COMMUNIQUER

① **Doc. 8, 9**
Réaliser un schéma du bourgeon de sceau-de-salomon et légender : tige, feuilles, fleurs.

S'INFORMER

② **Doc. 10, 11**
Indiquer un caractère commun aux bourgeons à bois et à fleurs. Indiquer la différence la plus importante.

S'INFORMER ET RAISONNER

③ **Doc. 8, 9, 10, 11**
Chez le marronnier, la tulipe et le sceau-de-salomon, indiquer quand se sont formées les tiges feuillées qui se développent au printemps.

MOTS-CLÉS

- **Plante vivace**
- **Bourgeons**

Les bourgeons des tiges aériennes

10 Les bourgeons du marronnier à l'automne.

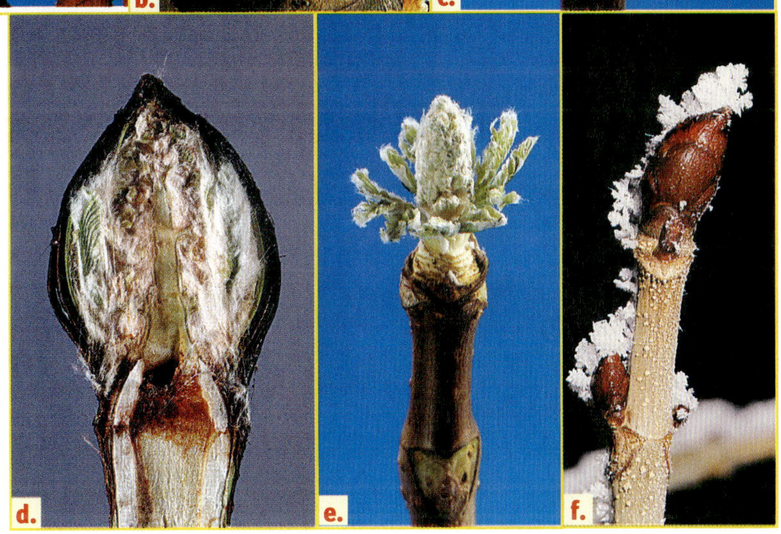

Le marronnier est une plante vivace.
a. Rameaux feuillés de marronnier au début de l'automne. La feuille du marronnier est une feuille composée (formée de plusieurs parties) rattachée au rameau par le pétiole.
b. Coupe d'un bourgeon à bois de marronnier, en octobre. Le bourgeon à bois est une tige feuillée embryonnaire protégée par des écailles et du duvet.
c. Dissection d'un bourgeon à bois, en octobre.
d. Coupe d'un bourgeon floral de marronnier, en octobre.
e. Dissection, en octobre, d'un bourgeon floral.
f. Rameau de marronnier en hiver : les bourgeons persistent.

11 Éclosion d'un bourgeon floral de marronnier au printemps.

a. Éclosion du bourgeon. **b.** Déploiement des feuilles. **c.** Floraison.

ACTIVITÉS

3 Un jardin fleuri d'avril à octobre

Pour obtenir un jardin fleuri du début du printemps jusqu'à l'automne, le jardinier utilise plusieurs espèces de plantes. Comment réaliser un tel jardin avec deux plantes vivaces, la tulipe et le dahlia, et une plante annuelle, le cosmos ?

QUESTIONS

S'INFORMER

① **Doc. 12, 14, 15**
Quelles sont les informations qui indiquent que le dahlia est une plante vivace ?

② **Doc. 13**
Peut-on obtenir un jardin fleuri d'avril à octobre avec seulement des tulipes, seulement des cosmos ou seulement des dahlias ? Justifier la réponse.

S'INFORMER ET RAISONNER

③ **Doc. 13, 14, 15, 16**
Relever pour chaque plante les actions réalisées par le jardinier. Montrer en quoi ces actions tiennent compte des caractéristiques biologiques de chaque plante.

MOTS-CLÉS

- **Succession florale**
- **Contraintes culturales**

Les plantes choisies

12 Les organes utilisés.

a.

b.

c.

Un jardinier veut avoir un jardin fleuri d'avril à octobre et il désire pour cela utiliser trois plantes, la tulipe, le cosmos et le dahlia.
a. Bulbes de tulipe.
b. Graines de cosmos.
c. Tubercules de dahlia.

13 Caractéristiques biologiques de chaque plante.

LA TULIPE

- Plante vivace à bulbes.
- Les bulbes doivent subir une période de froid pour se développer.
- Floraison d'avril à mai.

Contrainte 1
Lorsque les fleurs sont fanées, les nouveaux bulbes doivent, pour achever leur formation, rester en terre jusqu'à ce que le feuillage soit mort.

LE COSMOS CHOCOLAT

- Plante annuelle.
- Floraison de juillet à octobre.

Contrainte 2
Les jeunes plants de cosmos, issus de la germination des graines, sont très sensibles au gel.

LE DAHLIA

- Plante vivace à tubercules.
- Floraison fin juillet jusqu'aux premiers gels d'automne.

Contrainte 3
Les tubercules ne résistent pas au gel l'hiver.
Au printemps, les jeunes plants formés à partir des tubercules sont sensibles au gel.

Pratiques du jardinier au cours des saisons

14 Pratiques du jardinier à l'automne.

a. Les bulbes de tulipe sont mis en terre en octobre-novembre.

b. Les graines de cosmos sont récoltées en septembre.

c. Les tubercules de dahlia sont déterrés, à l'automne, et stockés en cave à une température de 2 à 10 °C jusqu'au printemps suivant.

15 Pratiques du jardinier au printemps.

a. Les tulipes sont en fleurs dès la fin avril jusqu'à fin mai.

b. Des semis de cosmos sont réalisés sous serre (température douce) entre février et mars. Les jeunes plants sont transplantés en mai.

c. Les tubercules de dahlia sont mis en terre en mai. Chaque tubercule peut être à l'origine d'un nouveau pied de dahlia.

16 Pratiques du jardinier de la fin du printemps à l'automne.

a. Après la floraison, les bulbes de tulipe sont déterrés puis mis en jauge (regroupés dans une tranchée et recouverts de terre) pour achever leur formation.

b. Les cosmos sont en fleurs de juin à septembre.

c. Les dahlias sont en fleurs dès la fin juillet et jusqu'aux premières gelées, en octobre-novembre.

ACTIVITÉS

4 La multiplication végétative des plantes

Une fois installés, certains végétaux envahissent leur environnement proche. Le jardinier peut faciliter cet envahissement sans avoir recours à des graines. Comment procède-t-il ?

Le rhizome : un organe efficace

17 Multiplier les plants d'iris en automne.

L'iris possède une tige souterraine, appelée rhizome, qui se propage en s'allongeant et en se ramifiant pendant l'été. Les ramifications finissent par se séparer, ce qui conduit à la formation de plusieurs plants à partir d'un seul : c'est un mode de multiplication végétative.

a. Rhizome d'iris ramifié en automne.

b. En automne, pour obtenir de nouveaux plants : éclater à la main la touffe de rhizomes.

c. Tailler les racines d'un tiers et les feuilles de moitié.

d. Repiquer les tronçons de rhizome, en les laissant affleurer.

QUESTIONS

S'INFORMER

① **Doc. 17**

À quelle saison l'iris envahit-il le milieu et grâce à quel organe ?

S'INFORMER ET RAISONNER

② **Doc. 17**

Pour multiplier les plants d'iris, l'Homme utilise-t-il la reproduction sexuée (qui fait intervenir la fleur) ou la reproduction végétative (à partir d'un organe de la plante) ? Justifier.

③ **Doc. 18, 19**

Montrer que les marcottages naturel ou artificiel sont une multiplication végétative.

MOTS-CLÉS

- **Rhizome**
- **Marcottage**
- **Multiplication végétative**
- **Colonisation d'un milieu**

Le marcottage : un principe naturel, copié par le jardinier

18 Le fraisier se propage naturellement par marcottage.

a. Le fraisier et sa multiplication végétative.

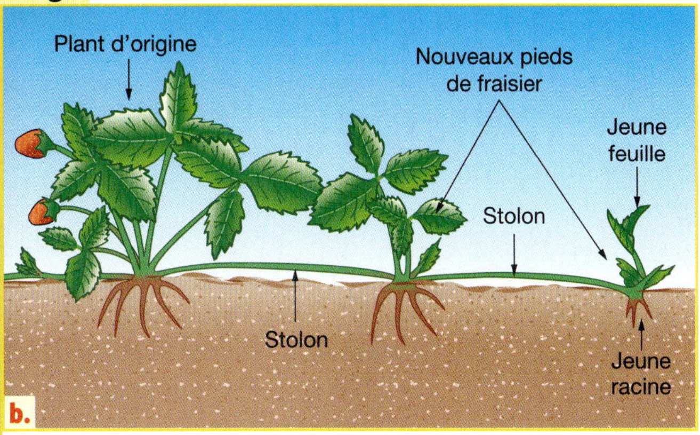

b. Le principe de marcottage. Un pied de fraisier produit pendant le printemps et l'été des tiges aériennes rampantes : les stolons. Chaque stolon s'enracine à un endroit pour donner un jeune pied de fraisier. Lorsque le nouveau plant est bien feuillé et enraciné, le stolon se dessèche.

19 Marcotter les rosiers en automne.

Le marcottage du rosier se pratique à l'automne lorsque la croissance des rameaux est terminée.
a. Gratter l'écorce.
b. Mettre en place la partie grattée du rameau dans un sillon et la recouvrir de terre.
c. Maintenir le rameau avec une brique.
d. Fixer l'extrémité du rameau que l'on redresse à un tuteur. Au printemps, on séparera, en le coupant, le rameau de la plante mère.

NOTIONS ESSENTIELLES

Peuplement végétal au cours des saisons

ACTIVITÉS 1

Alternances de formes au cours des saisons

BILAN DES ACTIVITÉS

Les cosmos proviennent de la germination de graines au printemps. Ils forment des fleurs, puis des fruits contenant des graines. Les plants meurent en septembre. Le cosmos est une plante annuelle.
Les tiges aériennes de tulipe se forment au printemps à partir de bulbes. Après floraison, elles meurent mais les nouveaux bulbes formés persistent pendant l'hiver. La tulipe est une plante vivace.

À RETENIR **Une plante annuelle meurt l'année de sa germination. Une plante annuelle est une plante dont les graines représentent la seule forme de passage de la mauvaise saison.**
Les plantes vivaces vivent plusieurs années et persistent durant l'hiver, sous des formes diverses : rhizomes, bulbes, tubercules, arbustes et arbres.

ACTIVITÉS 2

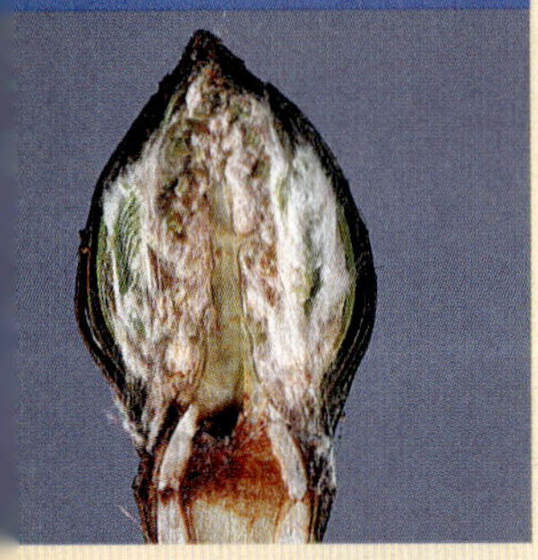

Les bourgeons des plantes vivaces

BILAN DES ACTIVITÉS

Les bourgeons d'automne des branches de marronnier, du bulbe de tulipe, du rhizome de sceau-de-Salomon contiennent tous une tige feuillée en miniature. Elle passe l'hiver en vie ralentie, à l'abri d'écailles, et s'allonge au printemps.

À RETENIR **À l'automne, les tiges des plantes vivaces (branches, rhizomes...) possèdent des bourgeons qui se sont formés durant l'été. La tige feuillée embryonnaire, que contient tout bourgeon, se développe au printemps suivant.**

ACTIVITÉS 3

Un jardin fleuri d'avril à octobre

BILAN DES ACTIVITÉS

Chaque plante présente des caractéristiques (vivace ou annuelle, conditions de germination, sensibilité au gel...) que le jardinier doit connaître pour opérer certaines actions en fonction des saisons.

À RETENIR **Le jardinier doit tenir compte des caractéristiques (annuelles ou vivaces, sensibilité au gel, période et durée de floraison) des plantes qu'il veut installer pour obtenir un jardin fleuri du printemps à l'automne.**

ACTIVITÉS 4

La multiplication végétative des plantes

BILAN DES ACTIVITÉS

Pour multiplier les plantes, le jardinier peut utiliser un phénomène naturel : la multiplication végétative. La fragmentation des rhizomes, le marcottage, le bouturage sont des techniques pour multiplier les plantes à partir d'une seule.

À RETENIR **La production naturelle de plusieurs plantes à partir d'un fragment de la plante initiale est appelée multiplication végétative. Elle assure rapidement la colonisation d'un milieu.**

SCHÉMA BILAN

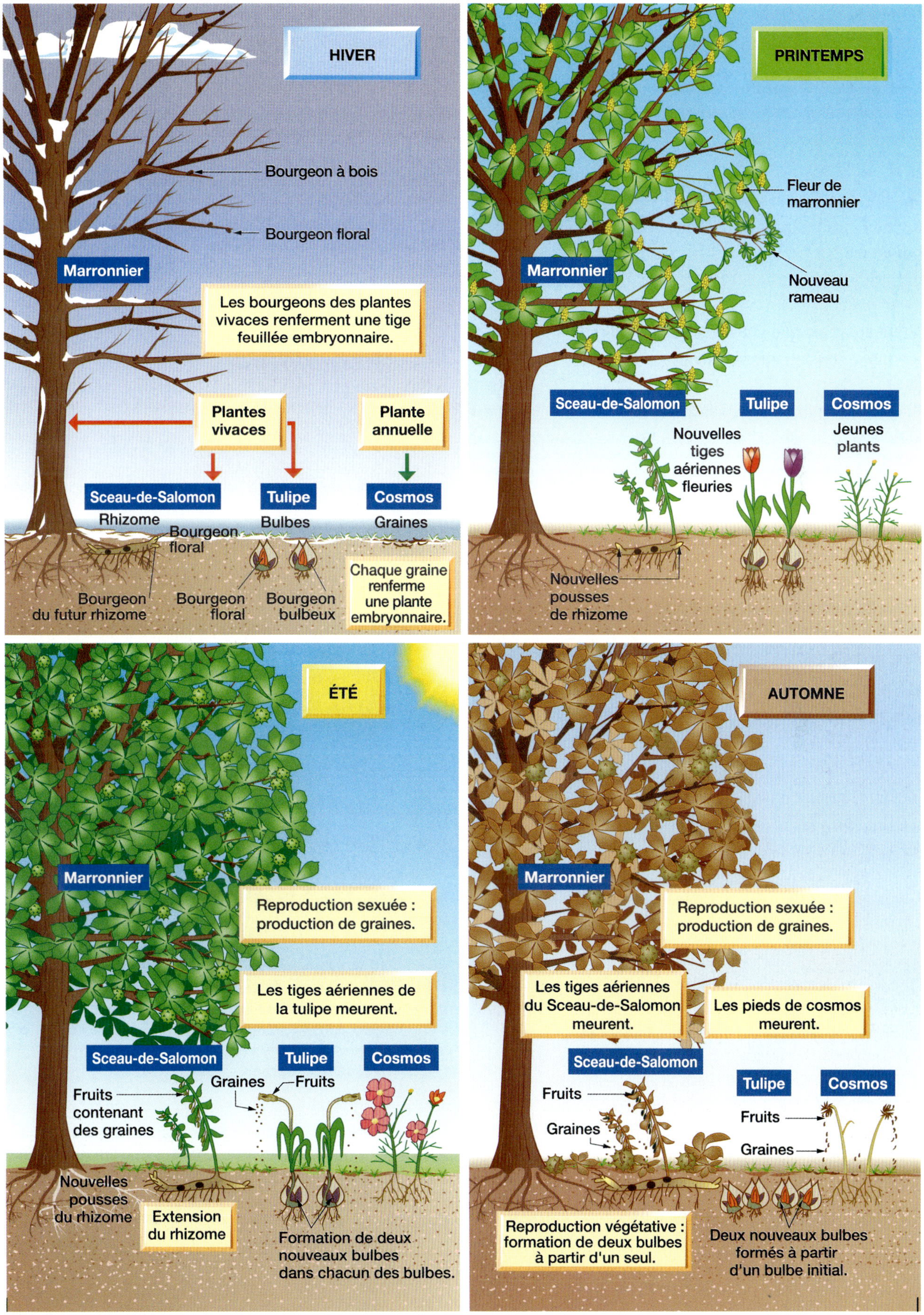

EXERCICES

Évaluer ses connaissances

1 Vrai ou faux ?

Indiquer les phrases exactes et corriger celles qui sont fausses.

a. En hiver, toutes les feuilles du dahlia ont disparu c'est donc une plante annuelle.

b. Un rhizome est une tige souterraine.

c. La tulipe, puisqu'elle est vivace, ne fabrique jamais de graines.

d. Une plante annuelle s'installe dans un nouveau milieu par l'intermédiaire de graines.

2 Croisons les mots

Horizontalement

a. Obtention de plusieurs plantes à partir de l'appareil végétatif d'une plante, d'un rhizome par exemple.

b. Principe naturel de multiplication végétative chez le fraisier.

c. Organe des plantes vivaces qui durant l'hiver contient une tige en miniature.

Verticalement

1. Forme sous laquelle la tulipe passe l'hiver.

2. Qualifie une plante qui persiste l'hiver sous forme de tiges aériennes ou d'organes souterrains.

3. Action d'envahir un milieu.

4. Le fruit de la tulipe en contient.

5. Organe souterrain muni de bourgeons et de racines.

6. Se dit des plantes qui persistent durant l'hiver uniquement sous forme de graines.

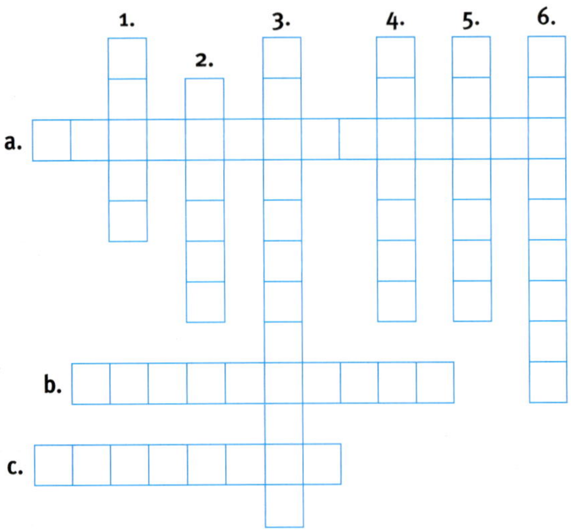

Évaluer ses compétences

3 Le bambou se propage

Les tiges aériennes du bambou s'attachent sur des tiges souterraines. Il n'est pas rare de voir apparaître de jeunes pousses à quelques mètres d'un bosquet de bambou même si celui-ci n'a pas produit de fleurs donc pas de graines.

a. Tiges aériennes d'un bosquet de bambou.

b. Les jeunes pousses de bambou se propagent dans la pelouse. Le grillage n'a pas empêché l'apparition de nouvelles pousses.

c. Organe souterrain du bambou et coupe d'une jeune pousse.

Dans de nombreux livres de jardinage, on propose d'isoler le parterre de bambou par une barrière d'ardoises enfoncées d'une vingtaine de centimètres dans le sol.

1. I Ra Comment peut-on appeler l'organe souterrain du bambou ?

2. I Ra Expliquer pourquoi le grillage est sans effet sur la propagation du bambou, alors que les ardoises enfoncées dans le sol sont efficaces.

4 La pomme de terre

a. Tubercule de pomme de terre germé que l'on met en terre, au printemps, en avril.

b. Plants de pommes de terre en fleurs, en juin.

c. Tubercules de pommes de terre, en septembre.

d. Récolte des pommes de terre en septembre. On peut les conserver jusqu'au printemps.

1. I Ra Indiquer si la pomme de terre est une plante annuelle ou une plante vivace. Justifier la réponse à l'aide des photos.

2. I Ra La pomme de terre peut-elle se reproduire par production de graines et/ou par multiplication végétative ?

3. I Ra Quel est le mode de reproduction de la pomme de terre utilisé par l'homme ?

5 La fougère grand-aigle

a. Feuilles de fougère grand-aigle, en sous-bois, en été.

b. Feuilles de fougère grand-aigle en automne.

Lorsque l'on déterre un pied de fougère, on trouve une tige souterraine avec de nombreux bourgeons d'où naissent de nouvelles feuilles.

c. Pied de fougère grand-aigle, au printemps, avec des feuilles en croissance.

1. I Ra Indiquer un organe de cette plante dont la durée de vie est inférieure à un an.

2. I Ra Comment peut-on appeler l'organe sur lequel les jeunes feuilles poussent ?

3. I Ra En justifiant la réponse, indiquer si la fougère grand-aigle est une plante vivace ou une plante annuelle.

Réussir le bouturage

Le bouturage, comme le marcottage, permet de multiplier facilement les plantes.

1 Prélever les boutures

- Il faut choisir de jeunes tiges bien droites d'une dizaine de centimètres, situées de préférence dans la partie haute de la plante (elles sont plus jeunes).
- Elles doivent être saines (pas attaquées par les insectes, pas de taches sur les feuilles).

a. Coupe d'un fragment de fuchsia.

2 Préparer la bouture

- Débarrasser le rameau prélevé de ses boutons, de ses fleurs, de quelques feuilles, pour éviter l'évaporation et l'épuisement des racines lorsqu'elles se formeront.
- Utiliser un bon cutter, les tissus écrasés sont en effet plus sensibles à la pourriture.

b. Préparation des boutures de fuchsia.

3 Planter la bouture

- Planter deux centimètres de la bouture dans un mélange de tourbe et de sable fin à parts égales, il faut que le mélange soit poreux et aéré. Ne pas faire d'avant-trou, ne pas tasser la terre, l'arrosage s'en charge.
- Arroser doucement. Recouvrir d'un sac plastique transparent pour éviter que le mélange se dessèche. Placer à la lumière mais à l'abri du soleil direct.

4 Une nouvelle plante

- Au bout de 30 jours la bouture a fabriqué ses racines. Elle peut alors être repiquée dans un plus grand pot. On pourra pincer l'extrémité pour favoriser la première ramification de la tige.

L'astuce du double-pot

- Planter les boutures entre les deux pots.
- Maintenir la terre humide en arrosant le fond du petit pot.
- Il suffit de dégager le petit pot pour voir l'état de développement des racines sans rien abîmer.

Peuplement animal au cours des saisons

5

Pour se nourrir ou se reproduire, des oiseaux effectuent, à certaines périodes de l'année, des migrations.

OBSERVER S'INTERROGER

Une présence qui varie selon les saisons

1 Sarcelles d'hiver sur un étang, en Camargue.

a.

Nombre de sarcelles d'hiver en décembre en France (oiseaux dit hivernants)	71 900 à 95 100
Nombre de sarcelles d'hiver en juin en France (oiseaux se reproduisant, appelés nichant)	500 à 1 000

b.

a. Du mois d'août au mois de mars, des milliers de sarcelles d'hiver (*Anas crecca*) sont présentes sur les étangs du bord de mer (en Camargue, dans les estuaires de la Loire et de la Seine...).
b. Effectifs d'une espèce d'oiseaux, la sarcelle d'hiver, en fonction des saisons.

2 Libellule sur un iris des marais.

Ce n'est que de mai à octobre qu'on peut voir ces grandes libellules (appelées Æschnes) près des étangs.

Une chasse réglementée et des mesures de protection de la faune

3 Chasseurs pratiquant la chasse au gibier d'eau.

La chasse n'est ouverte que pendant une partie de l'année.

4 Protection d'un milieu.

En France, 35 % des zones humides (étangs, bords de rivières) font l'objet d'une protection nationale ou internationale. Dans ces zones, les activités humaines et la préservation de la nature peuvent être associées.

S'INTERROGER

- *Sur la variation du nombre de sarcelles d'hiver au cours des saisons en France.*
- *Sur la présence des libellules adultes à la fin du printemps et en été.*
- *Sur la période de l'année où la chasse est autorisée.*
- *Sur les mesures prises par l'Homme pour protéger certains milieux.*

ACTIVITÉS

1 Le déplacement des animaux selon les saisons

Les sarcelles d'hiver sont présentes dans nos étangs surtout en automne et en hiver. Que deviennent-elles le reste de l'année ?

Une saison, un lieu, une activité

5 Couples de sarcelles d'hiver sur un étang de Camargue, en hiver.

Les sarcelles se nourrissent de graines enfouies dans la vase, pendant la nuit. C'est pendant la période hivernale que se forment les couples.

6 Nid de sarcelles d'hiver en Scandinavie, en été.

En été, les sarcelles d'hiver se nourrissent et nichent sur les lacs de Scandinavie ou du nord de la Russie.

7 Lac scandinave en hiver.

Les lacs où les oiseaux se reproduisent et se nourrissent, en été, sont gelés une partie de l'hiver.

8 Calendrier de présence des sarcelles d'hiver en Camargue.

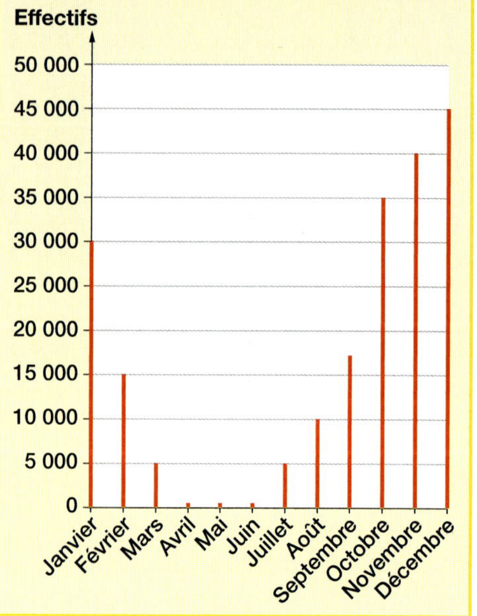

Variation moyenne des effectifs de sarcelles d'hiver, au cours d'une année, en Camargue.

QUESTIONS

S'INFORMER

① **Doc. 5, 6, 7**
Préciser quels sont les lieux d'hivernage et de reproduction des sarcelles d'hiver.

S'INFORMER ET RAISONNER

② **Doc. 8, 9**
Indiquer comment varie le nombre de sarcelles d'hiver, en Camargue, de janvier à juin.
Expliquer cette variation à l'aide des informations du document 9.

③ **Doc. 8, 10**
Indiquer comment varie le nombre de sarcelles d'hiver, en Camargue, de juin à décembre.
Expliquer cette variation à l'aide des informations du document 10.

MOTS-CLÉS

- **Lieu d'hivernage**
- **Lieu de reproduction**
- **Migration**

Les migrations des sarcelles d'hiver

9 Le baguage des sarcelles d'hiver.

a.

Numéro de bague :
FRP-FX.15 484
Espèce : ***Anas crecca***
Baguage :
Sexe : mâle
Date de baguage : 5 février 2003
Endroit du baguage : Vigueirat, Arles, Bouches-du-Rhône, France
Coordonnées : 43°47'N/04°38'E

Bagueur : Guillemain Mathieu
Reprise :
Sexe : mâle
Date de reprise : 14 mars 2003
Endroit de reprise : Geshof, Brandenbourg, Allemagne
Coordonnées : 52°38'N/14°13'E
Distance par rapport à l'endroit de baguage : 1 221 km

b.

a. Les sarcelles sont baguées afin de savoir où elles vont lorsqu'elles ne sont plus en Camargue. Sur chaque bague est gravé un numéro de référence.
b. Extrait d'une fiche de reprise : lorsqu'un animal meurt, le lieu, la date et le numéro de la bague sont renvoyés au muséum d'histoire naturelle.

10 Trajets des migrations des sarcelles d'hiver.

a.

b.

a. Les lieux d'hivernage et de reproduction ainsi que le trajet des migrations, des sarcelles d'hiver, ont pu être établis.
b. Migration de sarcelles d'hiver.

ACTIVITÉS

2 Des formes différentes selon les saisons

Les libellules ne sont pas visibles en hiver ; sont-elles présentes dans le milieu ? Sous quelle forme ?

Un peuplement qui varie au cours des saisons

11 Comportement des larves de libellule au cours des saisons.

a. De novembre à avril, les larves de libellule vivent enfouies dans la vase au fond de l'étang. Elles sont immobiles et inactives.

b. De mai à octobre, les larves de libellule vivent dans l'eau. Elles sont carnivores et se nourrissent d'autres larves d'insectes aquatiques et même de poissons.

12 Activités des libellules adultes.

a. Les libellules (Æschnes) adultes ne sont présentes, au-dessus des étangs, qu'une partie de l'année, de mai à octobre. Carnivores, elles se nourrissent de mouches et de moustiques.
b. De mai à octobre, les Æschnes adultes s'accouplent au bord de l'étang.

QUESTIONS

S'INFORMER

① **Doc. 11, 13**
D'où proviennent les libellules qui volent au printemps et en été au-dessus des étangs ?

S'INFORMER ET COMMUNIQUER

② **Doc. 11 à 14**
Dans un tableau, noter les mois de l'année puis indiquer les périodes de présence des larves et des adultes en précisant leurs milieux de vie et leurs activités.

Peut-on dire que les libellules montrent une alternance de formes au cours des saisons ? Justifier.

S'INFORMER ET RAISONNER

③ **Doc. 11 à 14**
La métamorphose est un changement important de la biologie de l'animal. Expliquer ce qui change entre la vie de la larve et celle de l'adulte.

MOTS-CLÉS

- **Larve**
- **Adulte**
- **Métamorphose**
- **Alternance de formes**
- **Reproduction**

Une alternance de formes chez un même animal

13 Émergence d'une libellule adulte : l'Æschne.

a. De mai à juin, les larves de libellules ayant fini leur développement sortent de l'eau et grimpent sur une tige. La vie larvaire (avant la métamorphose) dure deux à trois ans.
b. Trente minutes après la sortie de l'eau, la carapace de la larve se fend au niveau du thorax. L'insecte adulte en sort en position renversée.
c. Une heure après le début de son émergence, l'adulte a étendu ses ailes et a grandi.
d. Après la métamorphose (transformation de la larve en adulte) il reste une enveloppe, la mue. Avant qu'elle ne se décompose, on peut la retrouver au bord de l'étang.

14 Des œufs aux larves.

Les libellules (Æschnes) pondent leurs œufs dans des tiges de végétaux. Après quelques jours, les œufs éclosent et donnent naissance à des larves.
Les libellules adultes meurent à la fin de l'été.

ACTIVITÉS

3 L'Homme chasse les oiseaux d'eau

La chasse est ouverte une partie de l'année. Comment cette période de chasse est-elle établie ?

QUESTIONS

S'INFORMER

① **Doc. 17**
Pourquoi ne peut-on pas chasser le grèbe huppé ?

S'INFORMER ET RAISONNER

② **Doc. 16**
Indiquer les différences entre les souhaits des chasseurs et ceux de la ligue pour la protection des oiseaux.

③ **Doc. 15, 18**
En appliquant la directive européenne, quand peut-on chasser la nette rousse et le colvert ?

④ **Doc. 15, 16, 19**
À quelle date certains oiseaux migrateurs commencent-ils à rejoindre leur aire de reproduction ? Comparer avec les différentes propositions de fermeture de la chasse.

⑤ **Doc. 20**
Pourquoi les oiseaux doivent-ils accumuler des réserves pendant l'hiver ?

MOTS-CLÉS

- **Date d'envol**
- **Migration prénuptiale**
- **Protection**
- **Reproduction**

Les périodes de chasse des oiseaux d'eau

15 Directive européenne protégeant les oiseaux d'eau.

Les états membres veillent à ce que les espèces auxquelles s'applique la législation de la chasse, ne soient pas chassées pendant la période nidicole ni pendant les différents stades de reproduction et de dépendance. Lorsqu'il s'agit d'espèces migratrices, ils veillent, en particulier, à ce que les espèces auxquelles s'applique la législation de chasse ne soient pas chassées pendant leur période de reproduction et pendant leur trajet de retour vers leur lieu de nidification.

Article 7/4 de la directive de Bruxelles 79/409/CEE, « *Conservation des oiseaux sauvages* » (1979).

16 Deux avis sur la période de chasse du gibier d'eau.

Les chasseurs de gibiers d'eau de France, réunis au sein de l'A.N.C.G.E. (Association Nationale de Chasseurs de Gibiers d'Eau), veulent chasser de fin juillet-début août à fin février. Cette requête est biologiquement fondée et ils entendent qu'elle soit satisfaite dès l'ouverture de 2003.

Gazette Officielle de la Chasse et de la Nature, n° 1832, 2 mai 2003.

a.

Un compromis raisonnable entre protecteurs de la nature et chasseurs responsables est possible. Les premiers l'appellent de leurs vœux. Ce compromis passe nécessairement par l'adoption de cinq mesures simples et urgentes dont la première est :
– La campagne de chasse annuelle doit être comprise entre deux dates butoirs : le 1er septembre pour l'ouverture et le 31 janvier pour la fermeture, sans qu'aucune dérogation ne puisse venir allonger cette période.

Chasse aux oiseaux migrateurs-Pour un compromis raisonnable, Ligue pour la Protection des Oiseaux (L.P.O.), février 2000.

b.

a. Période de chasse du gibier d'eau préconisée par une association de chasseurs.
b. Période de chasse du gibier d'eau préconisée par une association de protecteurs de la nature.

17 Une espèce protégée : le grèbe huppé.

Certaines espèces ont des effectifs en baisse depuis de nombreuses années : elles sont désormais protégées et leur chasse est interdite.

Les périodes de reproduction et de migration

18 Reproduction du canard colvert et de la nette rousse en France.

La saison de reproduction des oiseaux est la période pendant laquelle une espèce pond, couve, élève ses jeunes jusqu'à l'envol.

c.

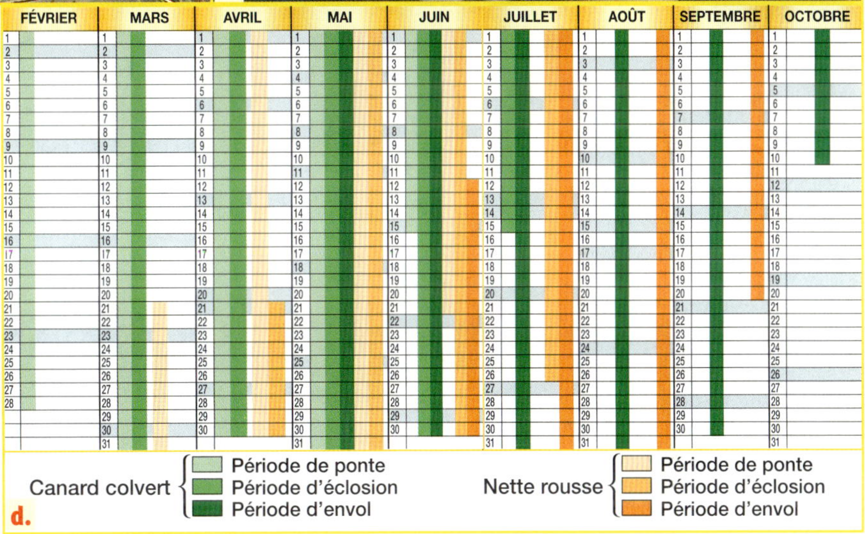

a. Nette rousse et ses petits.
b. Jeune nette rousse prêt à l'envol.
c. Période de reproduction chez les oiseaux.
d. Chronologie de la reproduction du canard colvert et de la nette rousse.
Le canard colvert et la nette rousse sont des canards qui nichent sur le territoire français. Ce sont des espèces chassées en France.

19 Migration prénuptiale des oiseaux d'eau.

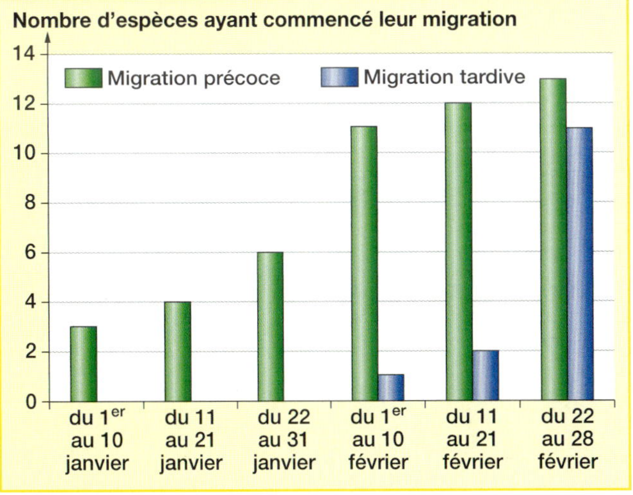

Migration prénuptiale ou migration de retour : période à laquelle les espèces d'oiseaux d'eau, comme la sarcelle d'hiver, commencent à effectuer leur migration retour de l'aire d'hivernage vers l'aire de reproduction. Selon les années, la migration est précoce ou tardive.

20 Le succès reproducteur dépend de l'hivernage.

Les conditions corporelles (réserves en graisses) des oiseaux, en fin d'hiver, contrôlent le succès de la reproduction. Les oiseaux doivent stocker des réserves avant de partir en migration prénuptiale. Ces réserves servent de combustible pour alimenter les muscles pendant les vols. Mais elles sont aussi indispensables aux oiseaux une fois arrivés sur leur lieu de reproduction. En effet, ils doivent construire leur nid, pondre, couver, en puisant beaucoup dans leurs réserves. Tout dérangement ou entrave à leur alimentation avant la période migratoire peut réduire le succès de reproduction.

ACTIVITÉS 4 Action de l'Homme sur le peuplement animal

L'Homme entretient des milieux favorables à la nutrition et à la reproduction des oiseaux d'eau. Quelle importance cela a-t-il ?

Les bords de l'étang : milieu de vie des oiseaux

21 Nutrition des oiseaux limicoles.

La bécassine des marais se nourrit de petits animaux vivant dans les vasières, en bordure d'étang : c'est un oiseau limicole.

22 Reproduction du râle des genêts.

Les prairies humides abritent les nids de nombreux oiseaux dont le râle des genêts, une espèce protégée. Une fauche de la prairie précoce, au mois de juin, entraîne la mort des jeunes qui ne peuvent pas encore s'envoler.

QUESTIONS

S'INFORMER

① **Doc. 21**
Quel est le milieu de nutrition des oiseaux limicoles ?

② **Doc. 22**
Quel est le milieu favorable à la reproduction du râle de genêts.

S'INFORMER ET RAISONNER

③ **Doc. 21, 23**
Indiquer la conséquence d'un abaissement du niveau de l'eau de l'étang sur les populations d'oiseaux limicoles. Proposer une explication en tenant compte de l'alimentation de ces oiseaux.

④ **Doc. 22, 24**
Comment expliquer la variation de population de râle des genêts observée entre 1983 et 1999 ?

MOTS CLÉS

- **Actions favorables de l'Homme**
- **Population d'oiseaux**

Des pratiques humaines qui favorisent certaines populations

23 Intervention de l'Homme et population d'oiseaux limicoles.

a. Vanne permettant d'abaisser le niveau de l'étang.
b. Vanneau huppé se nourissant dans une vasière d'un étang.

Période	Abaissement du niveau de l'eau	Bécassine des marais	Vanneau huppé	Pluvier argenté	Chevalier sylvain	Chevalier aboyeur
Octobre 2000	- 8 cm	0	0	0	0	0
Octobre 2001	- 31 cm	1	17	0	0	0
Octobre 2002	- 56 cm	24	247	1	7	4

c. Population d'oiseaux se nourrissant d'animaux vivant dans la vase en fonction de la baisse du niveau d'un étang dans le Forez (département de la Loire).

24 Le râle des genêts : les conséquences d'une fauche retardée.

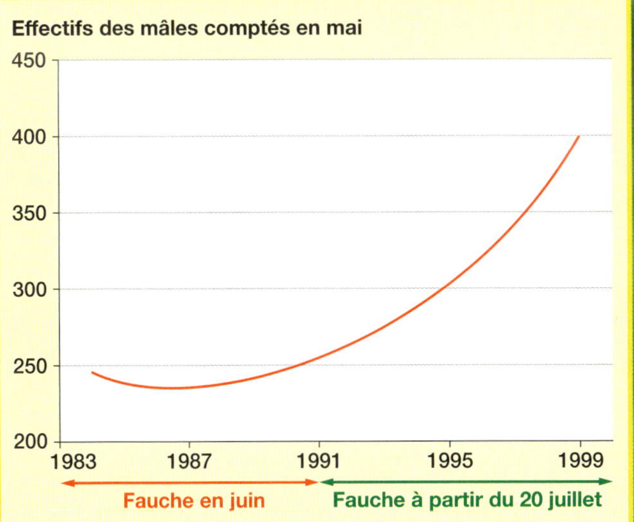

a. Évolution de la population de râle des genêts, dans les basses vallées angevines. Depuis 1991 la fauche des prairies a été retardée au 20 juillet.
b. Râle des genêts près de son nid.

NOTIONS ESSENTIELLES

Peuplement animal au cours des saisons

ACTIVITÉS 1

Le déplacement des animaux selon les saisons

BILAN DES ACTIVITÉS

Les sarcelles d'hiver sont des canards qui sont présents en France, sur les étangs du bord de mer, surtout du mois d'août au mois de janvier. Grâce au baguage, on sait qu'elles migrent à la fin de l'hiver dans le nord de l'Europe pour se reproduire.

À RETENIR **À cause des changements des conditions de vie liés aux saisons, certains oiseaux effectuent des migrations plus ou moins longues entre le lieu d'hivernage et le lieu de nidification où ils se reproduisent.**

ACTIVITÉS 2

Des formes différentes selon les saisons

BILAN DES ACTIVITÉS

Les libellules adultes ne sont présentes qu'au printemps et en été. Avant de mourir, elles se reproduisent et pondent des œufs qui donnent des larves.
Les larves vivent dans l'eau avant de se métamorphoser, au printemps, en un insecte qui mène une vie aérienne.

À RETENIR **Invisibles l'hiver, certains insectes des étangs se trouvent à l'état de larves menant une vie ralentie dans la vase. Ces larves reprennent une vie active au printemps et se métamorphosent en adultes qui assurent pendant l'été la reproduction.**

ACTIVITÉS 3

L'Homme chasse les oiseaux d'eau

BILAN DES ACTIVITÉS

La période de chasse doit être, selon la directive européenne, définie par une interdiction de chasser pendant la période de reproduction des oiseaux et pendant la période de migration des oiseaux partant vers leur lieu de reproduction.

À RETENIR **Les périodes de chasse sont déterminées en fonction du cycle de reproduction (jusqu'à l'envol des jeunes) et/ou des périodes de migration des oiseaux.**

ACTIVITÉS 4

Action de l'Homme sur le peuplement animal

BILAN DES ACTIVITÉS

Beaucoup d'oiseaux se nourrissent dans les zones peu profondes des étangs, d'autres se reproduisent dans les prairies humides. En entretenant des vasières et en retardant la fauche, l'Homme protège certaines populations d'oiseaux.

À RETENIR **L'Homme en préservant les milieux protège des populations animales.**

SCHÉMA BILAN

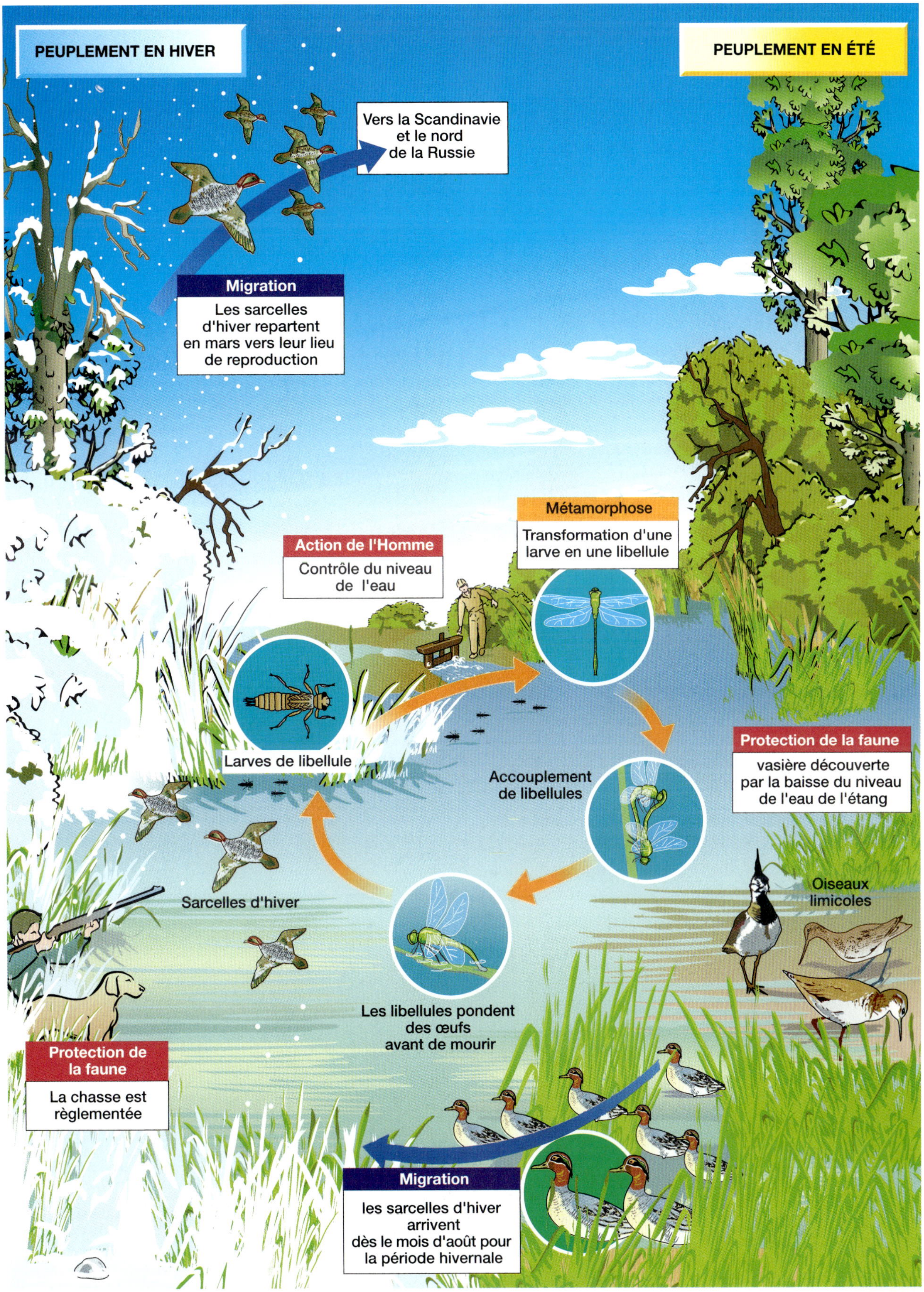

EXERCICES

Évaluer ses connaissances

1 Vrai ou faux

Indiquer quelles sont les phrases exactes et corriger celles qui sont fausses.

a. Quelle que soit la saison, le peuplement animal d'un milieu est le même.

b. Les libellules adultes se cachent pendant l'hiver.

c. Les oiseaux meurent pendant la mauvaise saison, il ne reste que leurs œufs dont l'éclosion aura lieu au printemps.

d. La chasse est ouverte pendant la période de reproduction de la plupart des oiseaux.

e. La protection des zones humides permet d'augmenter l'effectif de certaines espèces d'oiseaux.

f. La chasse est fermée lorsque les oiseaux effectuent leur migration vers leur lieu de reproduction.

2 Mots croisés et mot caché

a. Forme de la libellule pendant l'hiver.

b. Déplacement de nombreuses espèces d'oiseaux entre une aire de reproduction et une aire d'hivernage.

c. Transformation de la larve en adulte.

d. Période pendant laquelle l'oiseau migrateur reconstitue ses réserves.

e. Les dates d'ouverture et de fermeture sont définies en fonction du cycle de reproduction et/ou de migration des oiseaux.

f. Période pendant laquelle une espèce d'oiseau pond, couve et élève ses jeunes jusqu'à l'envol.

g. Insecte dont la larve aquatique se métamorphose au printemps, en adulte aérien.

h. Est utilisée pour identifier un oiseau migrateur.

j. Mot caché : Nom donné aux espèces d'oiseaux se nourrissant dans les vasières des étangs.

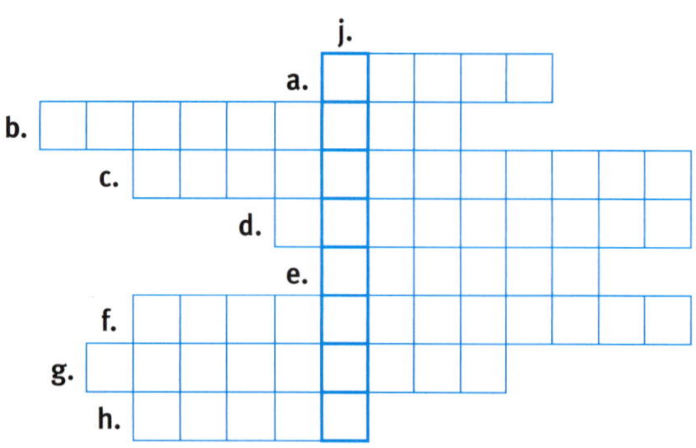

Évaluer ses compétences

3 Suivi d'un oiseau par satellite

a. Cigogne noire équipée d'une balise émettrice.

25405 Date : 17.10.97 13 : 20
Lat : 14°N Lon : 12°W

b. Données émises par une cigogne surnommée Laure.

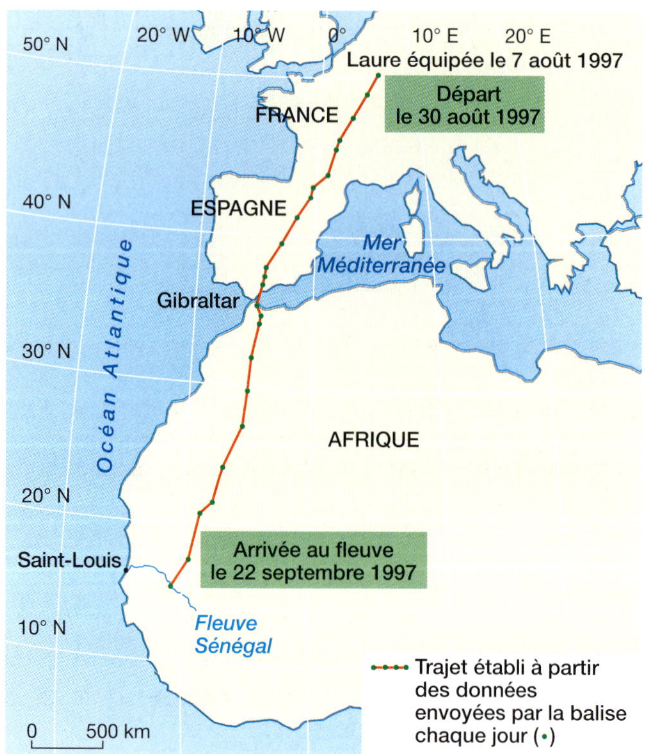

c. Localisation de la cigogne Laure entre le 30 août et le 22 septembre. Chaque point indique où se trouve Laure chaque jour.

Afin d'améliorer les connaissances sur la biologie des cigognes noires, un suivi par satellite a été mis en place. Quelques oiseaux ont été capturés et équipés de balises émettrices (document **a.**). Les messages sont envoyés à un satellite météorologique qui déverse ses données à une station terrestre (Lannion en Bretagne), données qui transitent vers Toulouse où elles sont traitées.

1. I Le document **b.** est un exemple du type de données émises par Laure et reçues à Toulouse.

Décoder ce message sachant que sur la première ligne, on trouve dans l'ordre le numéro de la balise, la date, l'heure et que sur la deuxième ligne on trouve la localisation en latitude et en longitude. À l'aide de la carte du document **c.** préciser où réside Laure à cette date.

2. I Ra Le document **c.** est une carte élaborée à partir des données émises chaque jour par Laure, équipée d'une balise le 7 août dans les Ardennes belges. Où se trouve cette cigogne le 22 septembre de la même année ? Comment peut-on qualifier le comportement de Laure entre le 30 août et le 22 septembre ? Combien de kilomètres a-t-elle parcourue ?

3. I Ra À quelle date Laure a-t-elle franchi le détroit de Gibraltar ? Expliquer quels sont les avantages du suivi par satellite par rapport au marquage classique par bagues.

4. Ra Laure est revenue en France au mois de février pour se reproduire. Placer sur la carte l'aire de nidification et l'aire d'hivernage et préciser les sens et les périodes de migration de la cigogne.

4 Réserve de chasse

Espèce/Effectif	1977	1988	1999
Sarcelle d'hiver	0	0	70
Canard colvert	210	250	500
Fuligule morillon	100	800	2 800
Nette rousse	0	0	120
Garrot œil d'or	0	3	58
Harle bièvre	0	4	35
Foulque macroule	1 000	6 000	9 000

Recensement des espèces hivernant sur le lac du Bourget.

Le lac du Bourget (Savoie) est au sixième rang des sites d'hivernage français, avec 21 000 oiseaux accueillis en 1999. Le stationnement hivernal y est suivi depuis 1966, avec au moins un recensement mi-janvier chaque année. Le tableau présente une partie de ces résultats. Une réserve de chasse (zone interdite à la chasse) a été créée en 1977 et agrandie jusqu'en 1999. En 1985, 5,4 % de la superficie du lac était en réserve, en 1994, 17 % de la superficie du lac était en réserve et en 1999, 44,6 % du lac était en réserve.

1. I Comparer le nombre d'espèces d'oiseaux différentes en 1977 et en 1999. Que constate-t-on ?

2. I Observer l'évolution des effectifs de chaque espèce depuis 1977. Que constate-t-on ?

3. Ra Expliquer quel est l'intérêt d'interdire la chasse dans certaines zones.

4. Ra Parallèlement à la mise en place des réserves de chasse, des opérations de restauration des rives humides ont été mises en place (programme life nature). Expliquer pourquoi cette opération peut contribuer à augmenter les effectifs d'oiseaux accueillis sur le lac du Bourget.

5 Période d'envol et ouverture de la chasse

Le tableau ci-dessous présente la fin de la période d'envol des jeunes (période à laquelle 100 % des jeunes ont pris leur envol) de trois espèces de canards, nette rousse, fuligule milouin et colvert, dans deux zones d'étangs du sud-est de la France.

	Fin de la période d'envol	
Espèces de canards	**Forez (département de la Loire)**	**Dombes (département de l'Ain)**
Nette rousse	2e semaine de septembre	3e semaine de septembre
Canard Colvert	3e semaine de septembre	4e semaine de septembre
Fuligule milouin	2e semaine de septembre	3e semaine de septembre

Fin de la période d'envol des jeunes chez trois espèces de canard dans deux régions du sud-est de la France, le Forez et les Dombes.

Canard colvert.

1. I Dans quelle région les jeunes canards ont-ils tous pris leur envol le 24 septembre ?

2. I À quelle date les jeunes canards auront-ils tous pris leur envol dans la région des Dombes ?

3. Ra Les étangs du Forez et des Dombes sont situés respectivement dans les départements de la Loire et de l'Ain. Chaque année, dans le département de l'Ain, un arrêté préfectoral retarde l'ouverture de la chasse d'une semaine par rapport à la date d'ouverture définie dans le département de la Loire. Cette décision vous paraît-elle justifiée ?

6 La pyrale du maïs

Les photos représentent diverses formes d'un insecte, la pyrale du maïs, au cours de sa vie.

a. De mi-juin à fin juillet, selon les années, les papillons de la pyrale du maïs apparaissent. Ces papillons adultes s'accouplent durant cette période puis meurent.

b. La chenille de la pyrale du maïs mène une vie au ralenti durant l'hiver dans les restes de tiges de maïs ou les épis restés au sol après la récolte.

c. Chrysalide de la pyrale. Au mois de mai, la chenille, qui a passé l'hiver, va se transformer en chrysalide d'où émergera en juin-juillet le papillon adulte.

d. Œufs de la pyrale du maïs. De mi-juin à fin juillet, les femelles pondent leurs œufs sur la face inférieure des feuilles de maïs.

e. Chenille de la pyrale. D'août à septembre l'éclosion des œufs, qui a lieu 3 à 9 jours après la ponte, donne naissance à des chenilles qui grandissent vite. Elles se nourrissent de feuilles de maïs puis de la tige ou des épis de maïs.

1. I Sous quelle forme la pyrale du maïs passe-t-elle l'hiver ?

2. I Ra À partir de l'observation de deux photos bien choisies, montrer que la pyrale passe par un stade larvaire.

3. I C Replacer dans un ordre chronologique, en partant des adultes, les différentes photos montrant les alternances de forme de la pyrale du maïs au cours d'une année.

Expérimenter

Observer le développement des moustiques

Chez le moustique, la larve et l'adulte n'ont ni la même forme, ni le même milieu de vie. Il est possible de suivre en direct sa métamorphose.

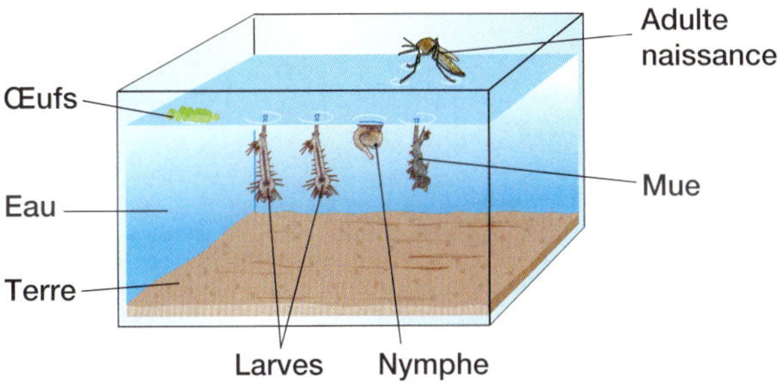

1 Réalisation

- Dès les premières chaleurs, prendre un récipient d'une quinzaine de centimètres de hauteur, transparent (l'observation est plus facile à travers la paroi).
- Mettre au fond un demi-centimètre de terre (elle sert de nourriture pour les larves qui sont détritivores).
- Verser de l'eau (10 centimètres), l'idéal est de l'eau de pluie (on peut utiliser l'eau du robinet mais il faudra la laisser s'aérer 24 heures pour éliminer le chlore qu'elle contient avant de la mettre dans le récipient).
- Poser le récipient dehors, dans une zone un peu ombragée (en plein soleil, la température de l'eau augmente trop).

a. Œufs de moustique.
b. Œufs se transformant en larves.
c. Larves. **d.** Nymphes.
e. et **f.** Naissance du moustique adulte.

2 Observations

- Maintenant, patience ! Il faut attendre que les femelles viennent pondre.
- Surveiller le niveau de l'eau (il ne faut pas que le milieu s'assèche).
- Dès les beaux jours, une femelle peut venir pondre.
- Les œufs éclosent très rapidement.

Les larves peuvent, quand les conditions sont bonnes (température supérieure à 15°C), se développer en 5 à 7 jours.
- Le stade nymphe dure 24 à 48 heures.
- C'est souvent le matin (entre 6 et 8 h) que l'adulte naît. C'est un moment magique !

Astuces

- Pour faciliter ces observations, placer, après les premières pontes, le récipient sur un balcon ou un rebord de fenêtre en prenant soin de mettre dessus un tissu fin pour ne pas être envahi par les moustiques. Gare aux piqûres !
- On peut aussi observer les larves et les nymphes au microscope optique.

PARTIE

PROGRAMME

- **Tous les êtres vivants sont des producteurs.**
Tout être vivant produit sa propre matière à partir de celle qu'il prélève dans le milieu.
Cette matière produite par tous les êtres vivants est de la matière organique.
- **Végétaux et animaux prélèvent des matières différentes dans le milieu.**
Les végétaux chlorophylliens n'ont besoin pour se nourrir que de matière minérale, à condition de recevoir de la lumière : ce sont des producteurs primaires.
Tous les autres êtres vivants sont des producteurs secondaires. Ils se nourrissent toujours de matière minérale et de matière organique provenant d'autres êtres vivants.
- **L'activité des êtres vivants du sol assure la transformation de la matière organique.**
Le sol abrite des êtres vivants qui, au travers de réseaux alimentaires, transforment la matière organique en matière minérale : ce sont des décomposeurs.
Le sol est composé :
- de restes d'êtres vivants,
- de matière minérale provenant de la transformation de la matière organique et des roches du sous-sol.

CHAPITRES

3

Origine de la matière des êtres vivants

PARTIE 3

Origine de la matière des êtres vivants

6 Production de matière par les animaux

7 Producteurs primaires et secondaires

8 Le recyclage de la matière organique

Production de matière par les animaux

6

Les êtres vivants se nourrissent. Ici, une jument broute de l'herbe pendant que son petit tète.

OBSERVER S'INTERROGER

Se nourrir dans son milieu de vie

1 La chouette effraie chasse pour se nourrir.

La chouette effraie est un oiseau nocturne qui chasse des petits mammifères. Ici, elle va attraper un mulot.

2 Un mulot consommant des cerises.

Le mulot est un petit mammifère qui vit aussi bien dans les champs qu'en forêt. Son habitat est un terrier d'où il sort la nuit pour se nourrir de graines et de fruits.

Se nourrir, se reproduire et grandir dans son milieu de vie

3 Les petits de la chouette effraie.

a. La couvaison qui dure 30 à 34 jours est assurée par la femelle. Les œufs éclosent successivement à deux ou trois jours d'intervalle.
b. Les petits de la chouette âgés ici, de cinq semaines, se nourrissent de proies apportées par leurs parents.

4 Les petits du mulot.

Le mulot se reproduit d'avril à octobre. La femelle donne naissance à trois portées de 3 à 9 petits qu'elle allaite pendant quinze jours.

S'INTERROGER

- *Sur l'importance de se nourrir pour se reproduire et grandir.*
- *Sur ce que mangent les animaux.*
- *Sur les besoins des animaux.*
- *Sur les relations alimentaires entre les animaux dans un milieu de vie.*

ACTIVITÉS

1 Les animaux : des producteurs de matière

La chouette effraie et le campagnol vivent sur le même territoire. Ils y trouvent leur nourriture. Quelles sont les caractéristiques de la vie de ces animaux qui dépendent de leur nutrition ?

Production de matière et reproduction

5 La reproduction de la chouette effraie.

b.

	Poids moyen
Mâle	315 g
Femelle	340 g
Femelle au moment de la ponte	415 g
Œuf	20 g
Nombre moyen d'œufs par nichée	5

Au printemps, à la suite de parades, le mâle et la femelle s'accouplent. La femelle de chouette effraie pond alors plusieurs œufs ; la ponte est déposée au rythme d'un œuf tous les deux à trois jours.

a. Une ponte de chouette effraie.
b. Quelques caractéristiques de la reproduction de la chouette effraie.

6 Des variations dans la reproduction de la chouette effraie.

Année	1972	1973	1974
Jeunes chouettes	760	8	937
Densité des campagnols	Importante	Faible	Importante

Les campagnols sont des proies pour la chouette. Leur densité dans un champ peut varier d'une année à l'autre. Entre 1972 et 1974, en Côte-d'Or, on a observé 148 nids de chouette et on a compté le nombre de jeunes élevés par an jusqu'au départ du nid.

7 La reproduction du campagnol et ses variations.

Le campagnol des champs se reproduit de mars à octobre. Il est très prolifique : une femelle (de poids moyen 25 g) peut avoir quatre portées de 3 à 7 petits en l'espace d'un an. Le poids d'un petit à la naissance est en moyenne de 2,4 g.
Des études ont montré que le nombre de campagnols dans les champs variait beaucoup et qu'il diminuait fortement lorsque leur nourriture devenait insuffisante.

QUESTIONS

S'INFORMER ET RAISONNER

① **Doc. 5, 6, 7**
Justifier l'affirmation « la ponte d'œufs par la chouette indique qu'elle a produit de la matière ». Indiquer à partir de quoi elle a produit cette matière.

② **Doc. 9**
Pourquoi peut-on dire que la femelle du campagnol est un producteur de matière après la naissance des petits ? Justifier.

③ **Doc. 8, 9**
Montrer que les jeunes sont des producteurs de matière. Indiquer à partir de quoi ils ont produit cette matière.

MOTS-CLÉS

- **Producteur de matière**
- **Reproduction**
- **Croissance**

Production de matière et croissance

8 Nutrition et croissance des petits de la chouette effraie.

a.

Après l'éclosion du premier œuf, la femelle reste au nid durant deux à trois semaines : elle dépèce les proies apportées par le mâle. Le nombre et la masse des proies apportées au nid augmentent au fur et à mesure de l'éclosion des poussins. Dès l'âge de 15 jours, les jeunes sont capables d'ingurgiter une proie entière d'une masse d'environ 30 g. Au cours d'un repas, ils ingurgiteront successivement, en moyenne, 5 proies.

b.

a. Nourrissage d'une nichée de Chouette effraie par l'un des parents.
b. Quantité d'aliments consommée par les oisillons.
c. Évolution de la masse des oisillons au cours du premier mois de leur vie.

Nombre de jours	Naissance	5 jours	10 jours	15 jours	20 jours	25 jours	30 jours
Masse moyenne d'un oisillon	15 g	56 g	125 g	190 g	275 g	300 g	320 g

c.

9 Nutrition et croissance des petits du campagnol.

a.

b.

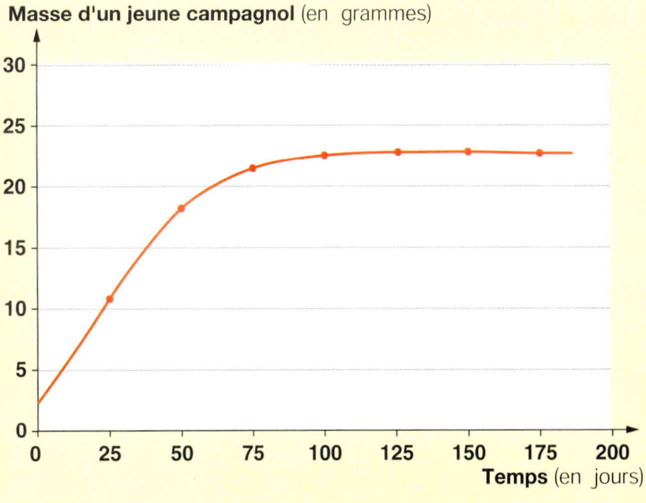

c.

a. Petits campagnols à la naissance.
b. Campagnols à 10 jours. La femelle les allaite depuis leur naissance.
c. Évolution de la masse de campagnols au cours des six premiers mois de leur vie.

ACTIVITÉS

2 Les aliments consommés par les animaux

La chouette et le campagnol doivent consommer des aliments pour grandir. Quelle est la caractéristique commune à tous les aliments consommés par les animaux ?

Les aliments consommés par la chouette effraie

10 Une pelote de réjection de chouette effraie.

a. Sous le reposoir de la chouette, on peut trouver deux ou trois de ces pelotes tous les jours. Une pelote est rejetée par le bec, quelques heures après un repas. Elle contient les éléments non digérés (poils, os) des proies d'un seul repas. Les proies ont été avalées entières.
b. Pelote en cours de dissection.

11 Mâchoires inférieures de quelques proies de la chouette effraie.

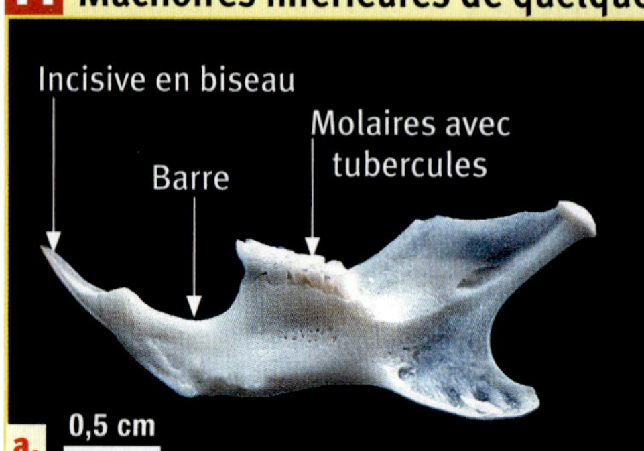

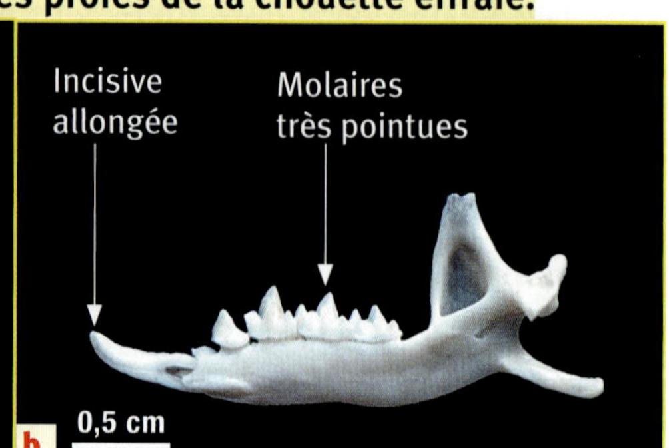

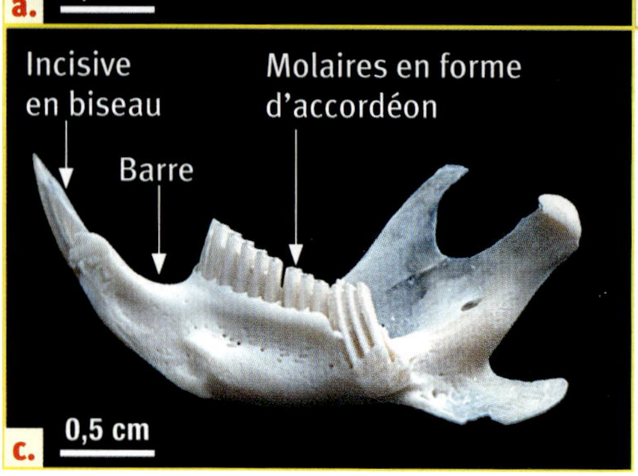

Les pelotes peuvent être décortiquées et leur contenu trié. On peut alors observer un certain nombre d'os, et plus particulièrement des crânes et des mâchoires.
a. Mâchoire inférieure de mulot.
b. Mâchoire inférieure de musaraigne.
c. Mâchoire inférieure de campagnol.
La barre est une zone de la mâchoire sans dents.

QUESTIONS

S'INFORMER ET RAISONNER

① **Doc. 10, 11**
Expliquer l'intérêt de récolter et d'étudier les pelotes de réjection de la chouette effraie.

② **Doc. 11, 12, 13**
Les êtres vivants qui consomment des végétaux sont des végétariens ; les êtres vivants qui consomment des animaux sont des carnivores. Préciser le régime alimentaire de la chouette effraie, de la musaraigne et du campagnol.

RAISONNER

③ **Doc. 10 à 13**
Justifier l'affirmation : «les animaux mangent tous de la matière produite par d'autres êtres vivants».

MOTS-CLÉS

- **Régime alimentaire**
- **Pelote de réjection**
- **Végétarien**
- **Carnivore**

Les aliments consommés par la musaraigne et le campagnol

12 Les aliments de la musaraigne.

a.

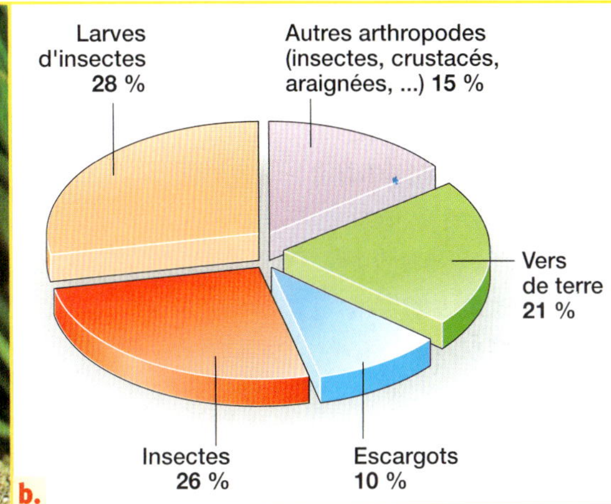

b.

a. La musaraigne vit dans la litière, elle se déplace dans la couche de feuilles mortes où elle prélève sa nourriture.
b. Les proies de la musaraigne au cours de l'été. La musaraigne, qui pèse 13 grammes, mange son propre poids de proies par jour.

13 Les aliments du campagnol.

Le campagnol est un petit animal qui pèse environ 25 grammes ; il vit dans les champs. Son alimentation se compose de fruits (noisettes, glands, grains de céréales), de jeunes plantes et en particulier de leurs racines. Il en consomme environ 10 grammes par jour.

ACTIVITÉS

3 Les besoins des animaux pour produire leur matière

Les animaux se nourrissent de façons variées mais toujours de matières provenant d'autres êtres vivants. Quels sont les caractères communs à la composition des êtres vivants ? Les différents constituants de cette matière sont-ils indispensables ?

La composition de la matière

14 Composition des aliments consommés par les êtres vivants.

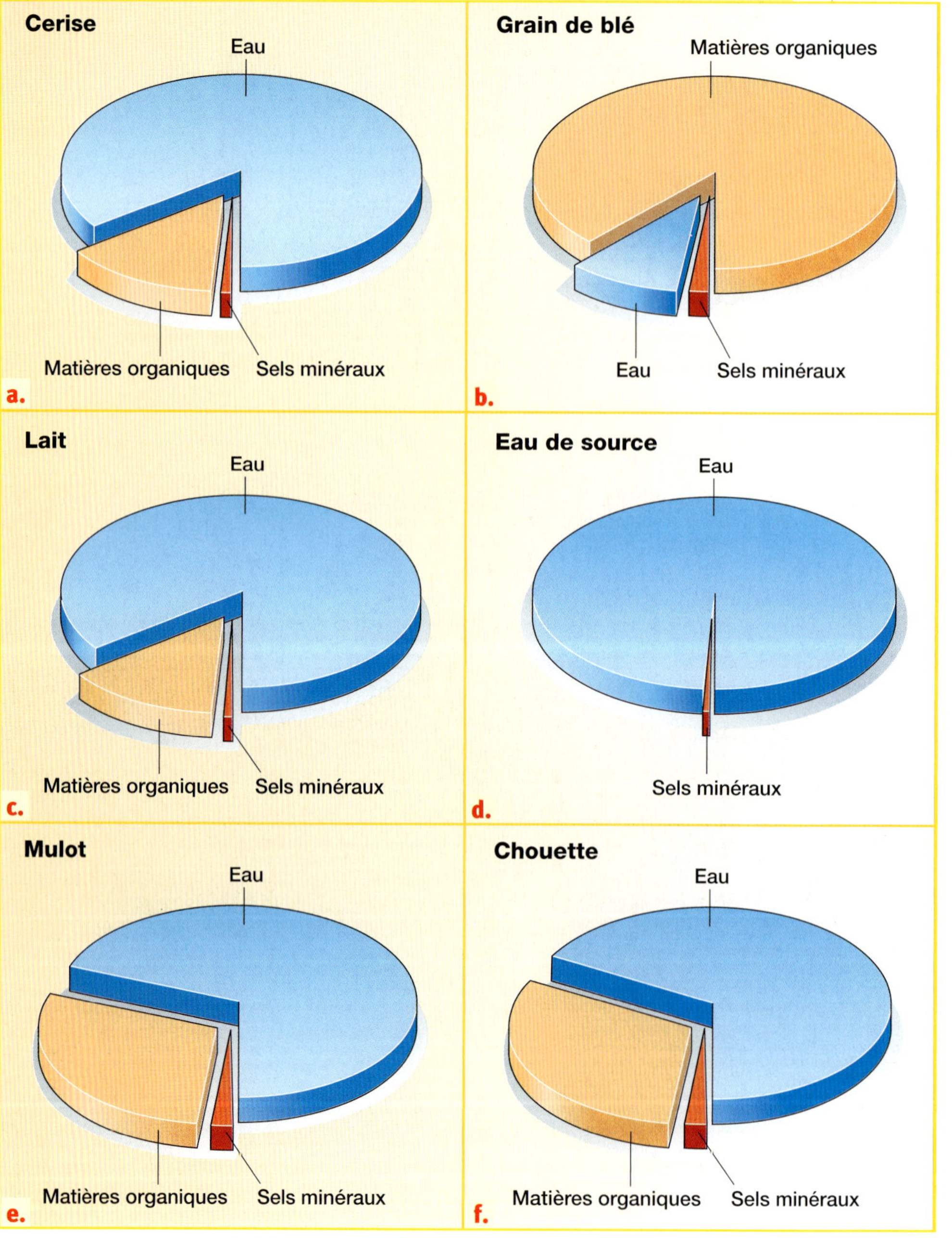

Le mulot se nourrit, entre autres, de cerises et de graines. Ses petits se nourrissent de lait au début de leur vie. La chouette et ses petits se nourrissent de petits mammifères comme les mulots. Tous les êtres vivants consomment de l'eau.
L'eau et les sels minéraux sont des matières minérales.

a. Composition d'un fruit, la cerise.
b. Composition d'un grain de blé.
c. Composition du lait.
d. Composition de l'eau de source.
e. Composition d'un petit mammifère comme le mulot.
f. Composition d'un oiseau comme la chouette.

QUESTIONS

S'INFORMER

① **Doc. 14**

Nommer les substances présentes dans la matière animale et dans la matière végétale.

RAISONNER

② **Doc. 15, 16, 17**

Nommer les substances indispensables à la production de matière par les animaux.

MOTS-CLÉS

- **Matières organiques**
- **Matières minérales**

Les besoins en matières organiques et matières minérales

15 L'eau, matière minérale, est indispensable aux animaux.

a.

Type d'animal	Eau (L par jour)
Vache laitière	80
Vache à viande	55
Truie qui allaite ses petits	20
Porc à viande	10
Brebis	7
Poule pondeuse	0,25 à 0,30
Poulet à viande	0,15 à 0,20

b.

a. En cas de réserve d'eau insuffisante la plupart des animaux meurent.
b. Besoins journaliers moyens en eau des animaux de ferme.

16 Composition d'aliments pour hamster.

a.

Protéines	30 %
Matières grasses	14 %
Glucides	21 %
Sels minéraux	7 %
Eau	28 %

b.

Le hamster dans sa cage ne peut trouver, seul, sa nourriture. Les aliments qu'on lui donne sont fabriqués spécialement pour lui et reconstituent la composition de sa nourriture naturelle.
Les protéines, les matières grasses et les glucides font partie des matières organiques. Les matières minérales sont les sels minéraux et l'eau.
Une insuffisance dans l'alimentation en matières organiques entraîne l'amaigrissement du hamster.

17 Radiographie d'un squelette de taupe.

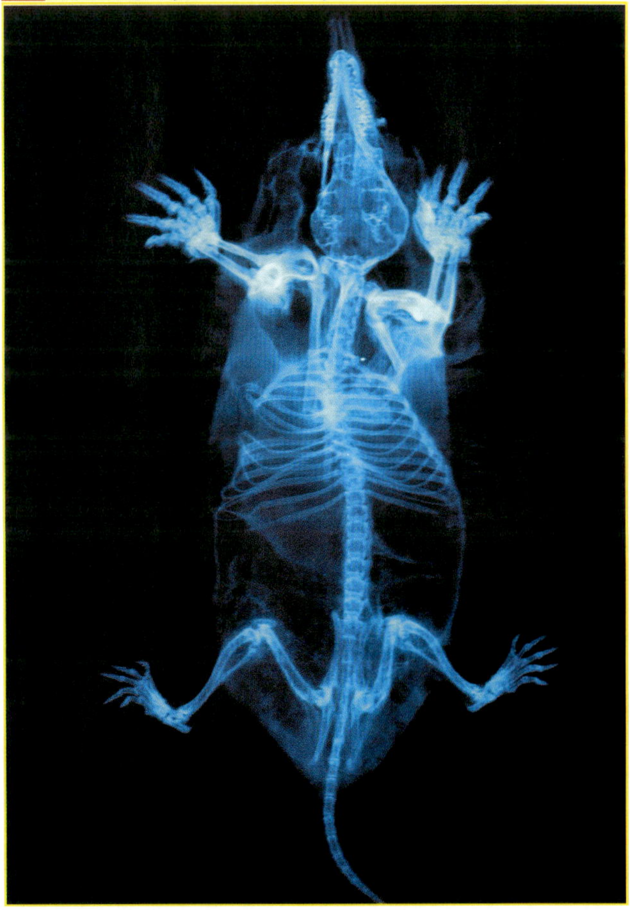

Les os sont des organes du corps particulièrement riches en calcium. Le calcium est un élément minéral qui est apporté par la nourriture. Un manque en calcium dans l'alimentation entraîne des déformations du squelette.

ACTIVITÉS

4 Les relations alimentaires dans un milieu forestier

Entre les êtres vivants d'un milieu, il existe de nombreuses relations alimentaires. Comment les représenter ? Comment assurent-elles le maintien des diverses populations animales dans le milieu ?

Régimes et chaînes alimentaires

18 Le renard, un animal omnivore.

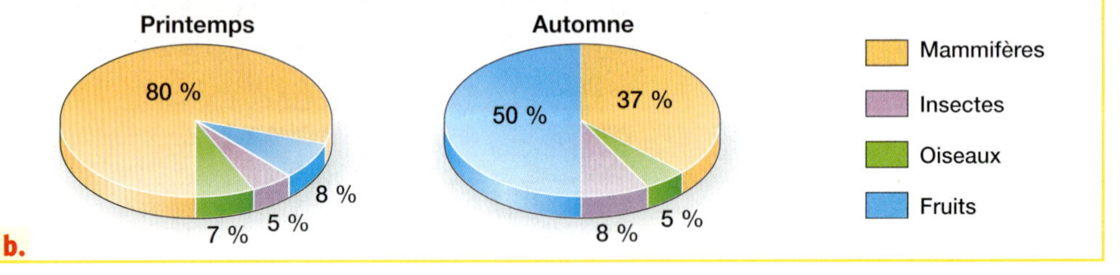

a. Renard et sa proie : un campagnol. **b.** Aliments consommés par le renard.

19 Un réseau de chaînes alimentaires.

Une chaîne alimentaire est une suite d'êtres vivants dans laquelle chaque maillon se nourrit de celui qui le précède.

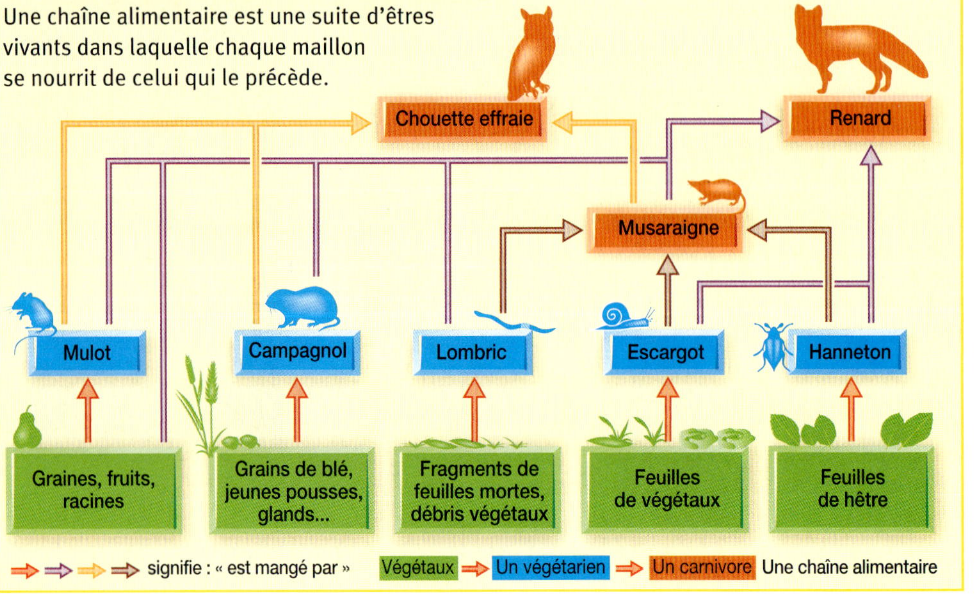

QUESTIONS

S'INFORMER

① **Doc. 18**
Indiquer la particularité du régime alimentaire du renard.
Justifier la réponse.

② **Doc. 19**
Quelle catégorie d'êtres vivants est le premier maillon des chaînes alimentaires ?

S'INFORMER ET RAISONNER

③ **Doc. 20**
Pourquoi les campagnols ne disparaissent-ils pas alors qu'ils sont constamment mangés par la chouette et le renard ?

④ **Doc. 21**
Expliquer comment l'Homme est intervenu dans la disparition des couples de milan royal.

MOTS-CLÉS

- **Chaîne alimentaire**
- **Réseau alimentaire**
- **Omnivore**

Maintien des populations et production de matière

20 La permanence de la population de campagnols durant une année.

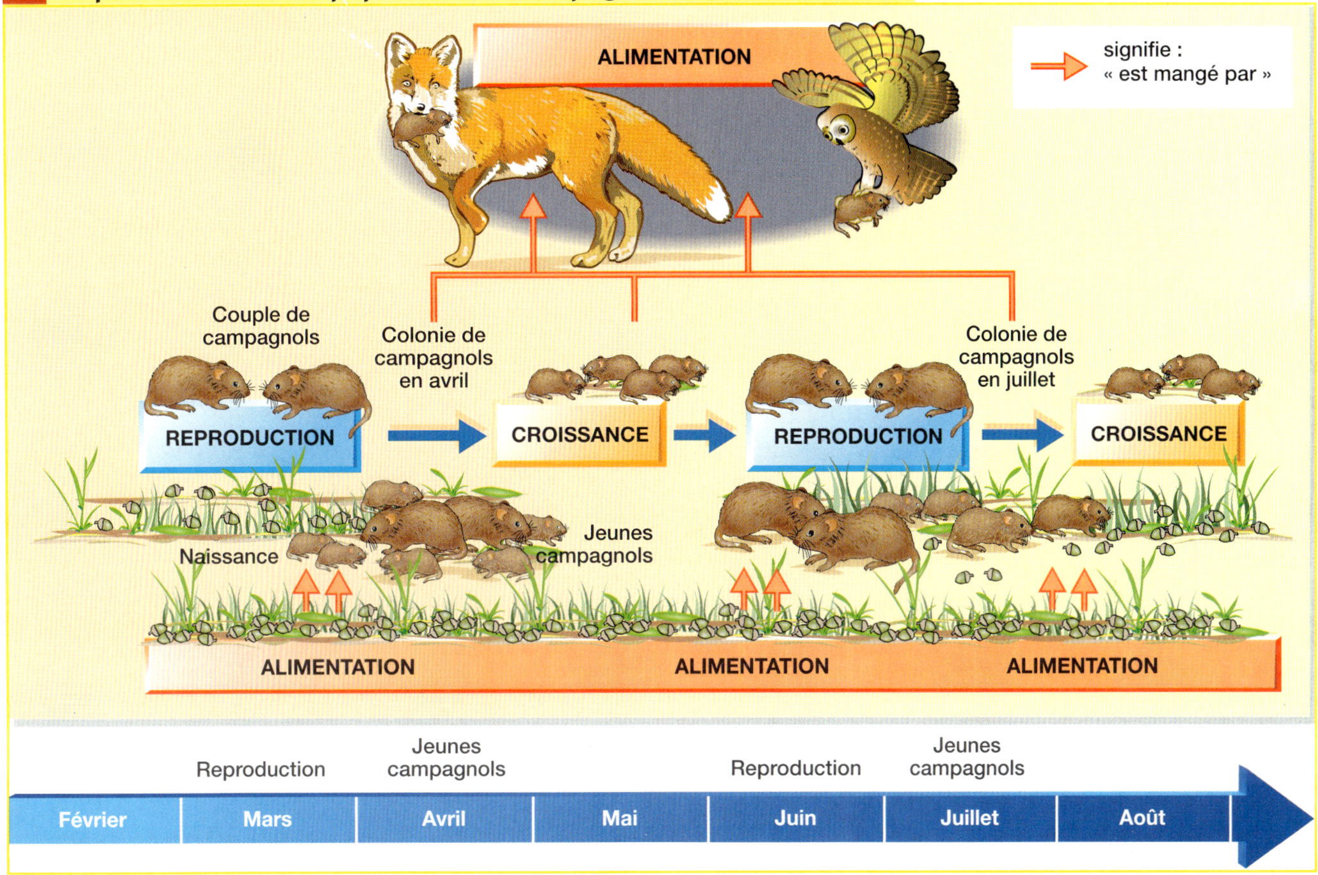

21 L'influence de l'Homme sur la population de milan royal.

a. Couple de milan royal.
b. Les interventions humaines et leurs conséquences sur la population de milan royal.

Le milan royal est un rapace qui vit dans des zones de prairies entrecoupées de bois et de forêts. Son alimentation est constituée à 80% de petits rongeurs comme les mulots et les campagnols et aussi de rats qui pullulent dans les décharges ménagères.

Récemment l'environnement du milan royal s'est transformé : les décharges publiques d'ordures ménagères ont disparu, des campagnes d'empoisonnement des campagnols ont été menées et des travaux forestiers ont modifié leurs lieux de nidification.

En 1980, dans la région de Champagne-Ardenne, on dénombrait de 480 à 950 couples de milan royal. Actuellement on estime cette population de 80 à 100 couples.

b.

NOTIONS ESSENTIELLES

Production de matière par les animaux

ACTIVITÉS 1

Les animaux : des producteurs de matière

BILAN DES ACTIVITÉS

Les proies consommées par la chouette et les végétaux consommés par le campagnol leur permettent de produire leur propre matière et de se reproduire. La nourriture fournie à leurs petits permet à ceux-ci de grandir en produisant leur propre matière.

À RETENIR **Tous les animaux produisent de la matière à partir des aliments qu'ils prélèvent dans leur milieu : ce sont des producteurs de matière. Cette production de matière est indispensable à la croissance et à la reproduction des animaux.**

ACTIVITÉS 2

Les aliments consommés par les animaux

BILAN DES ACTIVITÉS

La chouette effraie et la musaraigne consomment que des animaux : ce sont des carnivores. Le campagnol et le mulot ne consomment que des végétaux : ce sont des végétariens. Les animaux, à la fois végétariens et carnivores, sont des omnivores.

À RETENIR **Le régime alimentaire (végétarien, carnivore ou omnivore) est le même pour tous les individus de la même espèce. Quel que soit le régime alimentaire, les animaux se nourrissent toujours de matière provenant d'autres êtres vivants.**

ACTIVITÉS 3

Les besoins des animaux pour produire leur matière

BILAN DES ACTIVITÉS

Tous les animaux et végétaux sont constitués de matières organiques et de matières minérales (eau et sels minéraux). Dans tous les élevages, il faut fournir de l'eau, des sels minéraux et des matières organiques aux animaux pour qu'ils survivent.

À RETENIR **Les animaux ont besoin de trouver dans leur alimentation les matières minérales (eau, sels minéraux) qui entrent dans leur composition. Tous les animaux produisent leurs matières organiques en utilisant les matières organiques apportés par les êtres vivants qu'ils consomment.**

ACTIVITÉS 4

Les relations alimentaires dans un milieu forestier

BILAN DES ACTIVITÉS

Le campagnol, qui consomme des végétaux, est mangé par le renard et la chouette : il appartient à deux chaînes alimentaires. Malgré cela, la population de campagnols persiste car leur production de matière leur permet de se reproduire et de grandir.

À RETENIR **Un végétal est toujours le premier maillon d'une chaîne alimentaire. Tous les animaux utilisent la matière produite par les êtres vivants du maillon précédent. Les différentes chaînes alimentaires d'un milieu constituent un réseau.**

SCHÉMA BILAN

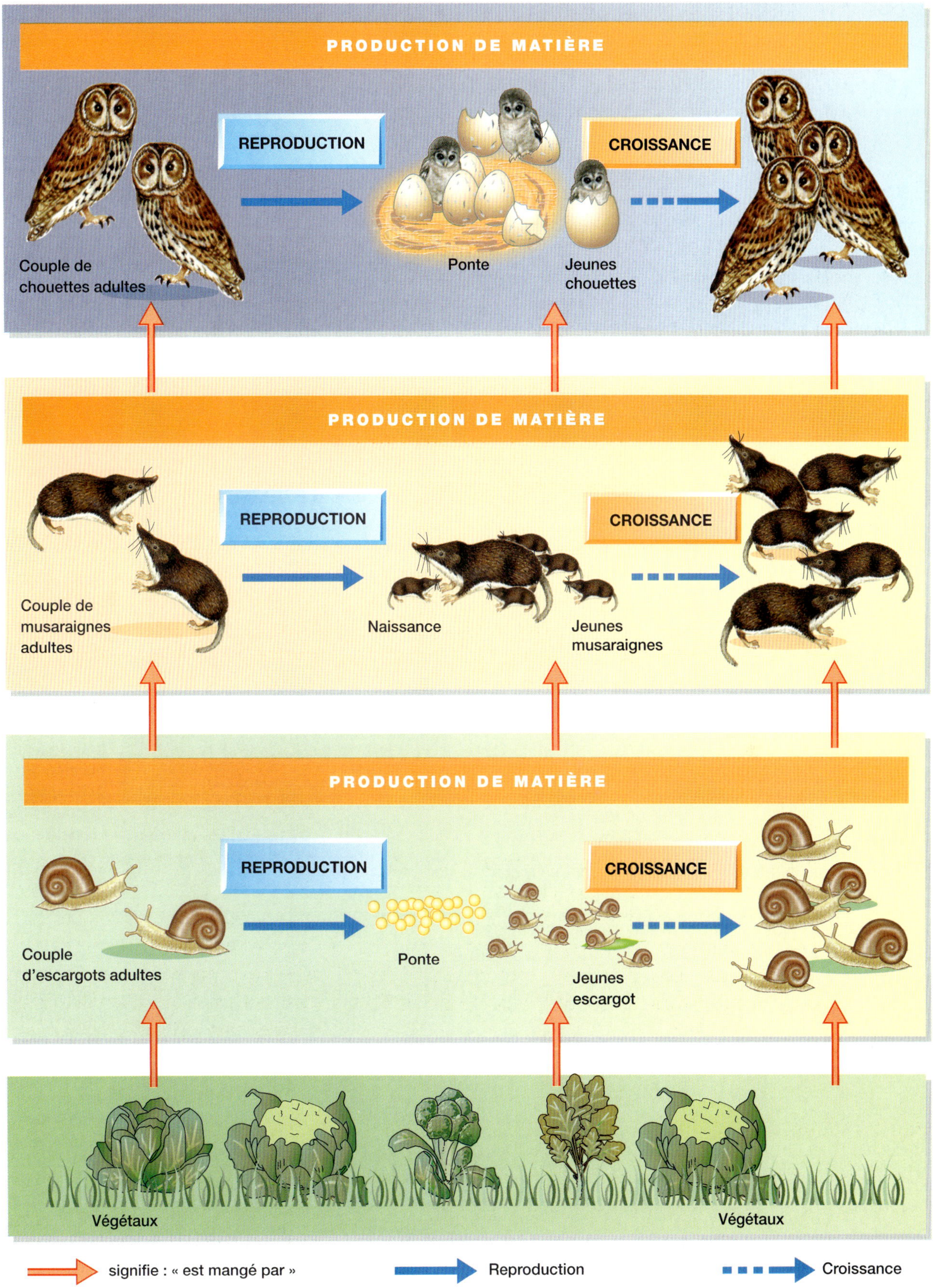

EXERCICES

Évaluer ses connaissances

1 Vrai ou faux ?

Indiquer quelles sont les phrases exactes et corriger celles qui sont fausses.

Les graines consommées par les poules et les poussins d'un poulailler…

a. … servent uniquement à la croissance des animaux.

b. … apportent des matières organiques aux volailles.

c. … permettent une production de matière par les volailles.

d. … permettent à la poule de fabriquer ses œufs.

2 Vrai ou faux ?

Indiquer quelles sont les phrases exactes et corriger celles qui sont fausses.

a. Les animaux sont toujours des producteurs de matière.

b. Les animaux sont toujours carnivores.

c. Les animaux sont les maillons de chaînes alimentaires.

d. Les animaux n'ont besoin que de matières organiques pour vivre.

3 Croisons les mots

Horizontalement

a. Animal qui ne consomme que des animaux.

b. Elle est rejetée par la Chouette après un repas.

c. Se dit d'un être vivant qui fabrique sa matière.

d. Augmentation de la masse et de la taille d'un être vivant.

Verticalement

1. Elle est formée de plusieurs êtres vivants qui dépendent les uns des autres pour leur alimentation.

2. Animal qui ne mange que des végétaux.

3. Ce que fabriquent les êtres vivants.

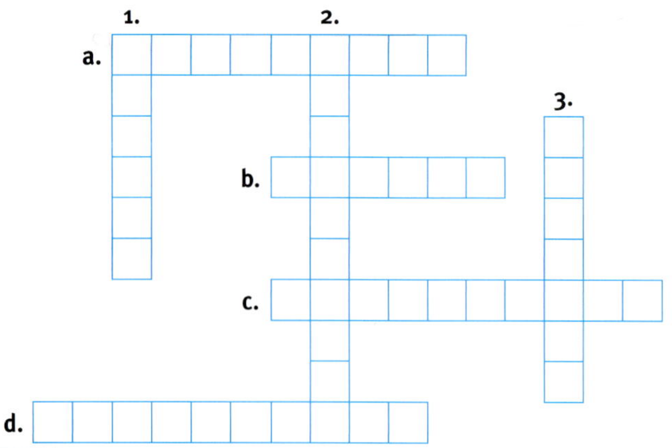

Évaluer ses compétences

4 Des animaux aux régimes particuliers

a. Le puceron absorbe la sève des plantes. La sève contient de l'eau, des sels minéraux et des matières organiques.

b. La coccinelle se nourrit exclusivement de pucerons.

c. Pendant l'été, la femelle puceron donne naissance à des petits par viviparité.

d. Certaines fourmis consomment un liquide sucré, appelé miellat qui correspond à de la sève rejetée par l'abdomen des pucerons.

1. I Ra Représenter les relations alimentaires entre ces êtres vivants.

2. Ra Est-il correct de dire que les fourmis et les coccinelles produisent leur matière à partir de celle produite par les pucerons ? Justifier la réponse.

5 Production de matière

a. Grenouille mangeant une libellule.

b. Au cours de l'accouplement, la grenouille femelle pond des œufs.

c. Éclosion d'œufs donnant naissant à des têtards.

d. Têtard au début de sa métamorphose, deux mois après l'éclosion. Les têtards se nourrissent de débris de végétaux.

e. Larve de libellule se nourrissant de têtard.

f. Jeune grenouille et grenouille adulte. Les têtards se métamorphosent en jeunes grenouilles.

g. Héron mangeant une grenouille.

1. I Indiquer le régime alimentaire de la grenouille.
2. I Ra Indiquer les photos qui montrent qu'au stade grenouille, cet animal est un producteur de matière. Justifier le choix.
3. I Ra Le têtard est-il aussi un producteur de matière ? Justifier la réponse.
4. Indiquer deux photos qui peuvent fournir une explication au fait que la population de grenouilles n'augmente pas, malgré le nombre considérables d'œufs pondus.

Disséquer une pelote de réjection

Dans un vieux grenier, dans un trou d'arbre ou une vieille grange, on peut trouver une pelote de réjection d'un rapace, comme la chouette. Pour connaître les proies consommées par l'animal qui l'a rejetée, il faut la disséquer.

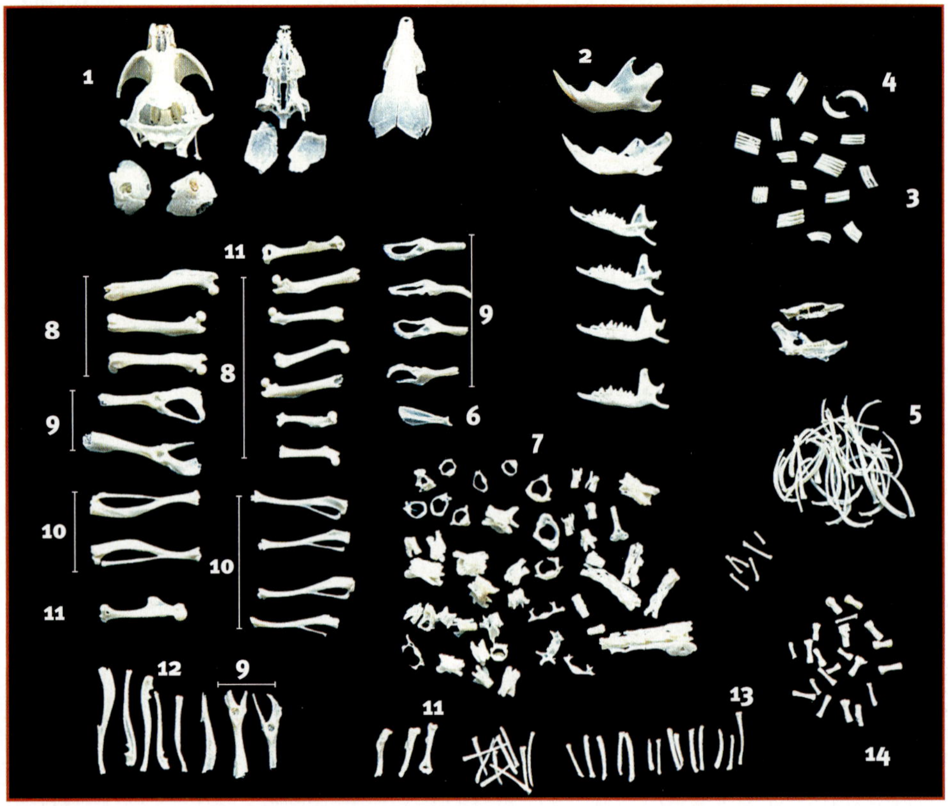

Pelote disséquée

1. Crânes (à gauche-campagnol et à droite musaraignes)
2. Mâchoires inférieures
3. Dents (molaires)
4. Dents (incisives)
5. Côtes
6. Omoplate
7. Vertèbres
8. Os de la cuisse (fémur)
9. Os du bassin
10. Os de la jambe (tibia et péroné soudés)
11. Os du bras (humérus)
12. Os de l'avant-bras (cubitus)
13. Os de l'avant-bras (radius)
14. Os de la main et du pied

1 Préparer la pelote

- Enfermer la pelote dans un sac plastique et la mettre au congélateur pendant deux jours afin de tuer les parasites.
- La faire tremper dans de l'eau chaude, une heure, pour la ramollir. La placer ensuite sur une feuille de papier absorbant.

2 Trier les pièces de la pelote

- L'ouvrir délicatement à l'aide de pinces (à épiler) pour séparer les pièces dures, les poils et les plumes. Faire tremper les os pendant 10 minutes dans un peu d'eau de javel diluée pour les blanchir. Il faut ensuite les rincer et les faire sécher.

3 Identifier les os

- Classer les pièces du squelette en fonction de leur forme et de leur taille.
- Identifier les os classés (os des membres, vertèbres, côtes, molaires, incisives...).
- Identifier les crânes des animaux contenus dans la pelote à l'aide des mâchoires inférieures présentées page 98.

4 Présenter les os

- Disposer les différents os et les fixer avec un point de colle sur un papier cartonné noir.
- On obtient ainsi le résultat trié de la dissection.

Producteurs primaires et secondaires

7

À partir de semis de tomates, on obtient en quelques mois des plants de plus d'un mètre de haut qui, après floraison, donnent une production importante de fruits que l'on consomme.

OBSERVER S'INTERROGER

Production de matière par les végétaux

1 Plage de Saint-Michel-en-Grève, en Bretagne, à deux moments de l'année.

a. Plage au printemps, au mois d'avril.
b. Marée verte, au mois de juillet, sur cette même plage.

2 Champ de maïs.

a. Quelques semaines après le semis.
b. Quelques mois après.

Contrôle de la production végétale par l'Homme

3 L'Homme cultive des végétaux sous serre.

Éclairage sous serre de jeunes plants. L'Homme agit sur les facteurs du milieu qui interviennent dans le développement du végétal.

4 Épandage d'engrais minéraux dans un champ.

Entre le moment où l'on sème les graines de maïs et le moment où l'on récolte le maïs, plusieurs épandages d'engrais peuvent être nécessaires.

S'INTERROGER

- *Sur les besoins nutritifs des végétaux pour produire de la matière.*
- *Sur les facteurs du milieu qui favorisent la production végétale.*
- *Sur l'importance des végétaux pour les autres êtres vivants.*
- *Sur les risques de pollution liés aux productions agricoles.*

ACTIVITÉS

1 Croissance des végétaux et caractéristiques du milieu

Les marées vertes ne se produisent que l'été et que dans certaines baies. Quelles sont les conditions favorisant la croissance des algues et donc l'apparition des marées vertes ?

Une production importante de matière végétale

5 Les algues à l'origine des marées vertes.

a.

b.

Les marées vertes sont dues à la prolifération rapide d'une algue verte appelée ulve, ou plus couramment « laitue de mer » naturellement présente sur le littoral. Cette algue peut vivre fixée et grandir rapidement, mais elle peut aussi se déchirer en nombreux fragments qui vivent et grandissent en suspension dans l'eau et viennent s'échouer sur la plage avec les marées.

a. Algues vertes flottant dans l'eau.
b. Algues vertes fixées.

6 Volumes d'ulves présents sur le littoral breton en avril et en juillet.

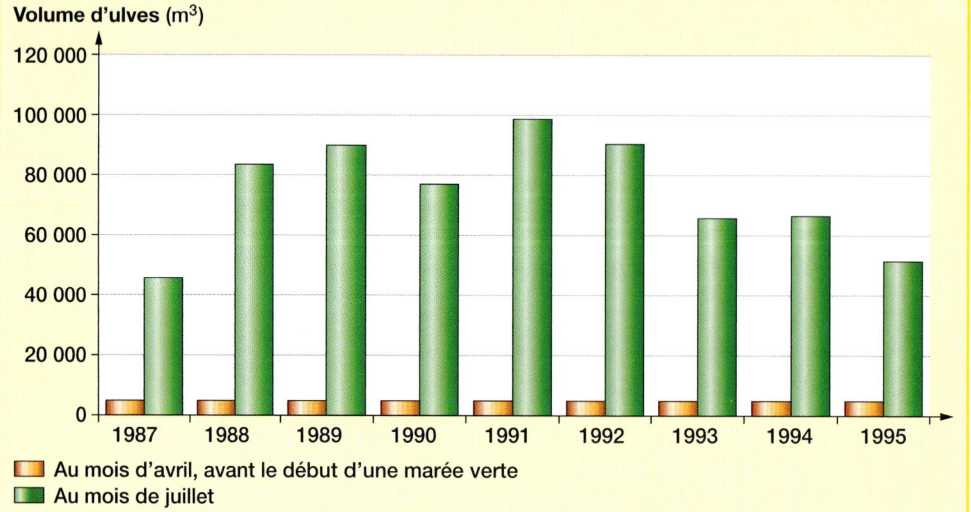

QUESTIONS

S'INFORMER ET RAISONNER

① **Doc. 5, 6**
Justifier l'affirmation: «les algues vertes sont des producteurs de matière».

② **Doc. 7, 8**
Identifier les différents facteurs du milieu qui semblent favoriser le développement des algues vertes.

MOTS-CLÉS

- **Production de matière**
- **Producteur de matière**
- **Facteurs du milieu (température, lumière, nitrates)**

Recherche des facteurs à l'origine des marées vertes

7 Une plage propice aux marées vertes.

Avant 1980, les marées vertes n'existaient pas sur le littoral breton. Actuellement, elles se produisent sur certains sites qui présentent les caractéristiques de cette baie :
- forme d'anse,
- ouverte sur la mer avec présence de marées,
- très faible pente de la plage,
- arrivée de rivières.

Les eaux des rivières qui débouchent dans la baie sont riches en nitrates. Il en résulte un enrichissement en nitrates des eaux de mer où vivent les ulves. Les nitrates sont des sels minéraux.

8 Facteurs favorisant l'apparition des marées vertes.

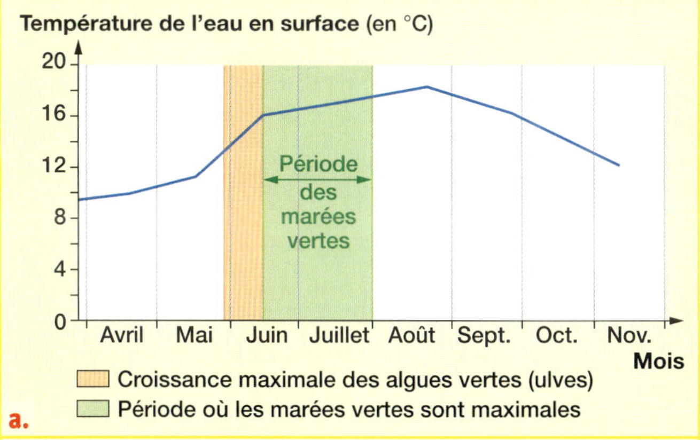

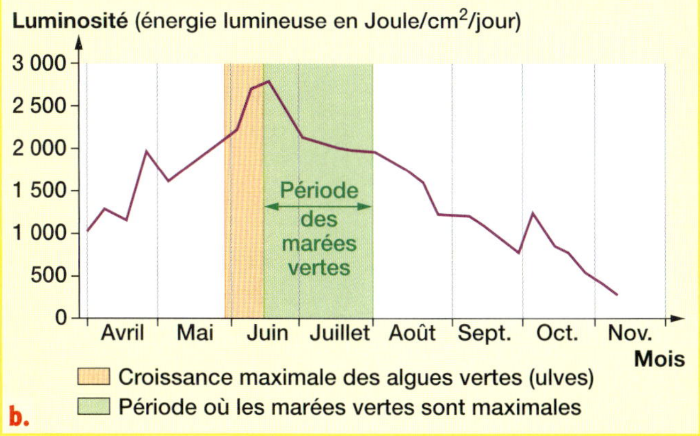

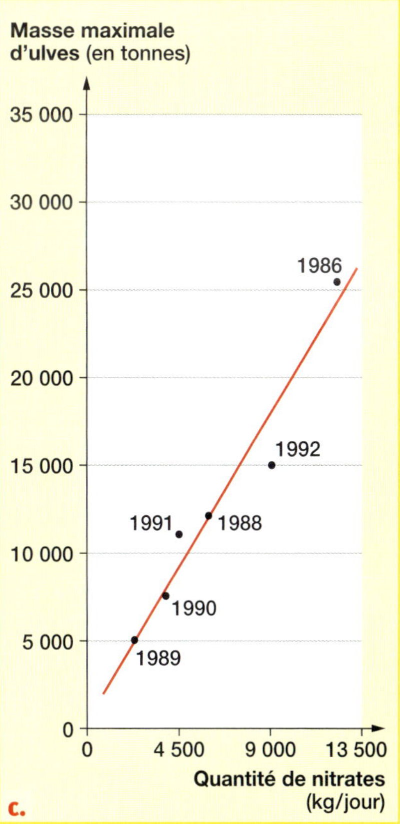

a. Variation de température à la surface de l'eau d'une baie entre le mois d'avril et le mois d'octobre.
b. Variation de l'éclairement d'une baie entre le mois d'avril et le mois d'octobre.
c. Dans une baie, où ont lieu des marées vertes, on a mesuré entre 1986 et 1992, la quantité moyenne de nitrates apportés par les rivières chaque jour durant le mois de juin. On a aussi mesuré la masse d'ulve, au mois de juillet, au moment où elle est maximale.

ACTIVITÉS

2 Des besoins pour la production végétale

Comme les algues vertes, les autres végétaux sont des producteurs de matières organiques. Quels sont leurs besoins nutritifs et quelles sont les conditions indispensables à leur croissance ?

Production de matière par une plante cultivée

9 Culture du tournesol.

Temps: t = 0	Temps: t = 150 jours correspondant à la récolte	
Masse d'un akène semé	Masse d'un plant entier	Masse des akènes d'un plant
0,05 g	150 g	50 g

d.

a. Champ de tournesol en fleurs, obtenu 100 jours environ après la germination de graines.
b. Plants de tournesol à maturité.
c. Extraction des akènes de tournesol (contenant chacun une graine). C'est à partir des graines de tournesol que l'on obtient de l'huile.
d. Masse de la matière organique de la plante à maturité et des akènes.

QUESTIONS

S'INFORMER ET RAISONNER

① **Doc. 9, 10, 11**
Le tournesol est un producteur de matière organique. Justifier cette affirmation.

② **Doc. 10, 11, 12**
Quelles relations existe-t-il entre la production de matière organique et les besoins des végétaux en lumière, eau, sels minéraux et CO_2 ?

10 La lumière et la production de matière organique.

	Culture témoin non couverte	Culture couverte à partir du 15e jour
Énergie lumineuse reçue (en % du témoin)	100 %	60 %
Masse d'un plant entier à maturité	150 g	65 g
Masse des akènes d'un plant	50 g	18 g

Une culture de tournesol est soumise à une réduction de l'éclairement par ombrage artificiel au moyen d'un filet placé à 60 cm au-dessus de la culture. Toutes les autres conditions sont identiques à celles de la culture témoin. On mesure, en gramme, dans chacun des cas, la masse de la matière organique.

MOTS-CLÉS

- **Besoins en eau**
- **Besoins en sels minéraux**
- **Besoins en CO_2**
- **Nécessité de lumière**

D'autres conditions nécessaires à la croissance des végétaux

11 Production de matière organique et besoins en eau et sels minéraux des plantes.

	Eau consommée par plante (litres)	Masse des akènes d'un plant à la récolte (g)
Arrosage régulier	76	49
Arrosage régulier puis sécheresse entre le 50e et le 90e jour après la levée	29	24

a.

Apport de nitrates (kg/ha)	0	60	80	90
Masse des akènes d'un plant	38 g	43 g	50 g	48 g

b.

a. On réalise une culture expérimentale de Tournesol pour étudier les effets d'une diminution de la consommation d'eau par la plante sur la récolte des graines.
La récolte des graines de Tournesol se fait le 150e jour après le semis. La levée se produit environ le 30e jour après le semis.
b. Une culture de tournesol a été réalisée sur différentes parcelles de terrain contenant naturellement des nitrates. Des apports de nitrates supplémentaires sont réalisés. La quantité apportée varie suivant la parcelle. Toutes les autres conditions sont identiques à la parcelle témoin.

12 Production de matière organique et besoins en dioxyde de carbone des plantes.

a.

Jour	5e	10e	15e	20e	25e	30e
Masse d'un plant Teneur en CO_2 élevée (1 000 ppm)	6 g	8,5 g	18 g	23 g	39 g	64 g
Masse d'un plant Teneur en CO_2 faible (400 ppm)	4 g	5,4 g	10 g	16 g	25 g	35 g

b.

a. Le dioxyde de carbone ou CO_2 est un gaz contenu naturellement dans l'air, en très petite quantité (365 ppm*).
b. Des tomates de la même variété sont cultivées dans deux serres dont l'air est plus ou moins enrichi en CO_2 : 400 ppm pour l'une et 1000 ppm pour l'autre. Tous les 5 jours, on prélève 10 plants dans chacune des serres et on détermine leur masse (en gramme par plant).

*ppm : particules par million.

ACTIVITÉS

3 Production végétale et chaînes alimentaires

Animaux et végétaux sont des producteurs de matières organiques. Comment expliquer que les végétaux soient le point de départ des chaînes alimentaires ?

La terre n'est pas indispensable à la croissance

13 Deux cultures de tomates aussi productives l'une que l'autre.

a.

b.

c.

Deux cultures de tomates sont réalisées, l'une dans un sol normal, l'autre sans sol (hors sol). Les deux types de cultures sont aussi productives l'une que l'autre.
a. Culture de tomates, sous serre, dans de la terre. La terre contient de l'eau, des sels minéraux et des matières organiques.
b. Culture de tomates, sous serre, sans terre (hors sol).
c. Culture de tomates hors sol. Les racines baignent dans une solution nutritive contenant uniquement des sels minéraux dissous dans de l'eau.

QUESTIONS

S'INFORMER ET RAISONNER

① **Doc. 13**
Comparer la composition des milieux dans lesquels ont poussé les plants de tomates, comparer les récoltes de tomates et formuler une conclusion.

② **Doc. 14**
Comparer les aliments nécessaires à l'ulve et aux animaux pour produire leur matière. Définir les expressions : « producteur primaire » et « producteur secondaire ».

③ **Doc. 14**
On a constaté lors des marées vertes une augmentation des populations de littorines et de talitres. Comment peut-on l'expliquer ?

MOTS-CLÉS

- **Matière minérales**
- **Matières organiques**
- **Producteur primaire**
- **Producteur secondaire**

L'importance des végétaux dans les chaînes alimentaires

14 Producteurs primaires et producteurs secondaires.

a.

b.

c.

d.

Êtres vivants	Ulve (algue verte)	Littorine ou Bigorneau (mollusque)	Talitre (petit crustacé)	Cicindelle (insecte)	Tourne-pierre (oiseau)
Aliments consommés	Matières minérales : - eau, - sels minéraux, - CO_2	Algues fraîches (ulves...)	Débris végétaux (ulves en décom-position)	Petits crustacés (talitres...)	Petits mollus-ques (littorines), petits crustacés (talitres...)
Composition de la matière des êtres vivants	**Matières minérales :** - eau, - sels minéraux **Matières organiques**	**Matières minérales :** - eau, - sels minéraux **Matières organiques**	**Matières minérales :** - eau, - sels minéraux **Matières organiques**	**Matières minérales :** - eau, - sels minéraux **Matières organiques**	**Matières minérales :** - eau, - sels minéraux **Matières organiques**
e.	**Producteur primaire**	**Producteur secondaire**	**Producteur secondaire**	**Producteur secondaire**	**Producteur secondaire**

a. Littorines, ou bigorneaux « broutant » des algues vertes (ulve).
b. Le talitre, ou puce de mer, est un petit crustacé qui vit sur les plages.
c. La cicindelle est un insecte.
d. Le tourne-pierre est un oiseau du bord de mer.
e. Constituants des êtres vivants (animaux et végétaux) et composition des aliments qu'ils consomment.

ACTIVITÉS

4 L'origine des marées vertes

Quels liens existe-t-il entre les pratiques agricoles, utilisées pour améliorer le rendement des cultures, et les pollutions de l'environnement comme les marées vertes ?

Améliorer la production végétale

15 Utilisation d'engrais minéraux d'origine chimique.

Une solution riche en sels minéraux, notamment en nitrates, est enfouie dans le sol. L'azote est le composant principal des nitrates.

16 Utilisation d'engrais organiques d'origine biologique.

a.

a. Épandage de lisier (mélange liquide des urines et des excréments des animaux).
b. Les engrais organiques.

À la place d'engrais minéraux d'origine chimique, on peut utiliser des engrais organiques d'origine biologique. En effet, les animaux élevés dans les exploitations agricoles rejettent des déchets (urines, excréments) riches en matières organiques. Ces dernières sont transformées grâce à des micro-organismes du sol en sels minéraux (notamment en nitrates). Ces exploitations agricoles élèvent généralement des porcs, mais parfois des volailles ou des bovins.

b.

QUESTIONS

S'INFORMER ET RAISONNER

① **Doc. 15, 16**
Justifier le fait que l'utilisation d'engrais augmente la production végétale.

② **Doc. 17, 18**
Expliquer pourquoi on ne doit pas enrichir excessivement le sol en engrais contenant des nitrates.

MOTS CLÉS

- **Engrais minéraux**
- **Engrais organiques**
- **Nitrates**
- **Lessivage**

Des conséquences sur l'environnement

17 Des éléments d'explication aux marées vertes.

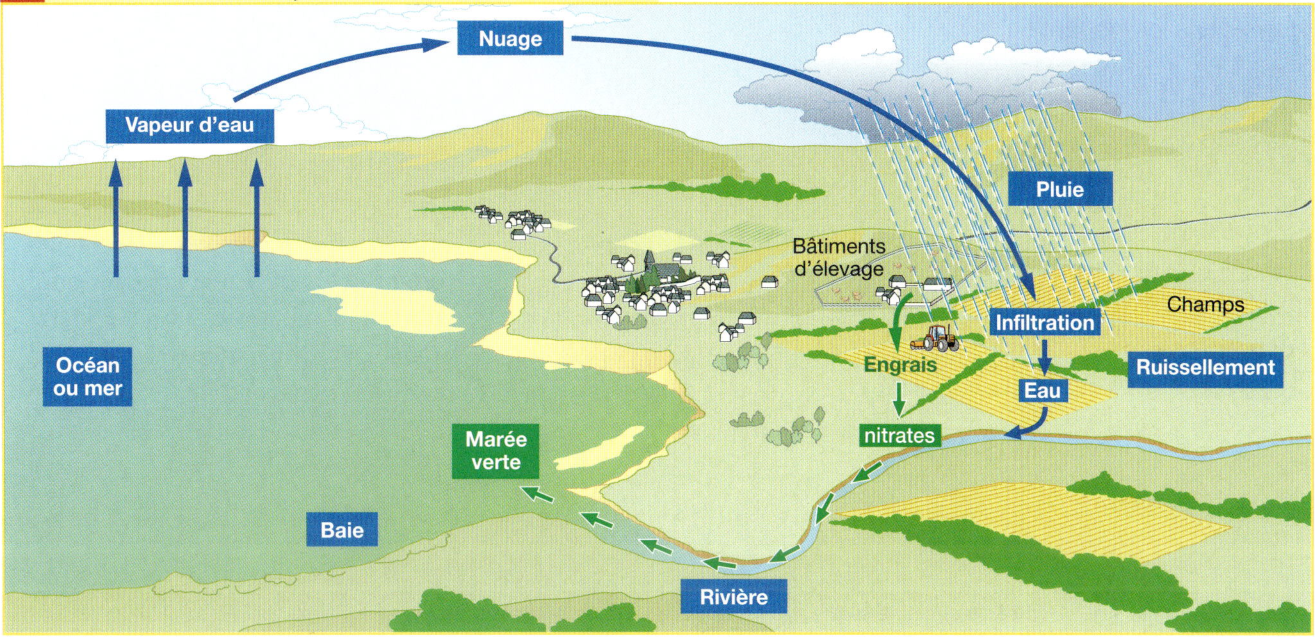

Si, à un moment donné, l'apport d'engrais contenant des nitrates est trop important alors les nitrates disponibles dans le sol sont en quantités supérieures aux besoins des plantes. L'excédent de nitrates présents dans le sol est alors entraîné, en profondeur, par les eaux de pluie qui s'infiltrent. Les nitrates sont également entraînés par les eaux de ruissellement. Les eaux d'infiltration et de ruissellement alimentent les rivières qui rejoignent la mer.

18 Lutter contre la pollution du littoral par les marées vertes.

a.

Des solutions préventives pour réduire les apports de nitrates rejetés à la mer devraient être développées :

• ajuster les apports d'engrais aux besoins réels des plantes cultivées et des sols : c'est la fertilisation raisonnée ;

• aménager l'espace pour limiter le ruissellement et l'infiltration des eaux de pluie chargées en nitrates (créer des haies, des talus).

b.

a. Ramassage des algues vertes en août. Le ramassage mécanique des algues vertes échouées, sur les plages, est une solution curative au problème des marées vertes.
b. Des mesures préventives pour diminuer les marées vertes.

NOTIONS ESSENTIELLES

Producteurs primaires et secondaires

ACTIVITÉS 1

Croissance des végétaux et caractéristiques du milieu

BILAN DES ACTIVITÉS

Les ulves, algues vertes, grandissent et se reproduisent lorsque certaines conditions sont réunies : température et éclairement suffisants, présence abondante de nitrates. Cette croissance rapide et intense est à l'origine des marées vertes.

À RETENIR **La croissance des végétaux est influencée par des paramètres comme la température, la luminosité, la présence de nitrates. Les végétaux produisent de la matière : ce sont des producteurs de matière.**

ACTIVITÉS 2

Des besoins pour la production végétale

BILAN DES ACTIVITÉS

La croissance de la plante et la production de fruits (akènes, tomates) traduisent une production abondante de matière organique. Celle-ci dépend de l'éclairement et des apports d'eau, de sels minéraux et de CO_2.

À RETENIR **Pour produire leur matière organique, les végétaux ont besoin de matières minérales (eau, sels minéraux, dioxyde de carbone) et de lumière.**

ACTIVITÉS 3

Production végétale et chaînes alimentaires

BILAN DES ACTIVITÉS

Les végétaux, pour produire leur matière organique, n'utilisent pas les matières organiques contenues dans le sol. Ils ne se nourrissent que des matières minérales. En consommant la matière produite par les végétaux, les animaux fabriquent leur propre matière organique.

À RETENIR **Tous les êtres vivants sont des producteurs de matière organique. Les végétaux sont des producteurs primaires à la base de toutes les chaînes alimentaires. Les animaux sont des producteurs secondaires.**

ACTIVITÉS 4

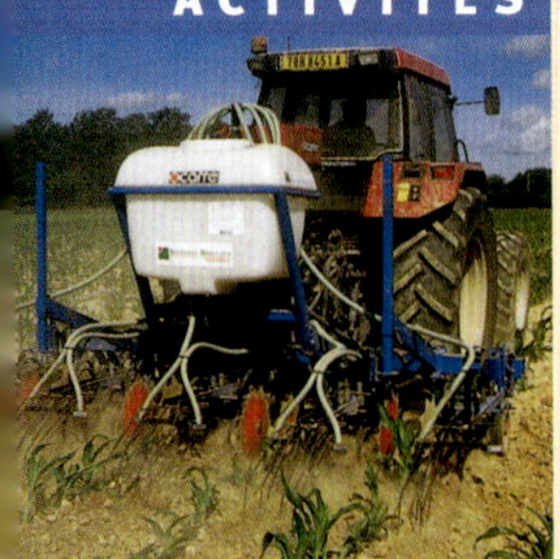

L'origine des marées vertes

BILAN DES ACTIVITÉS

L'apport d'engrais pour améliorer la production des cultures peut avoir pour conséquence un enrichissement des eaux des rivières puis de l'eau de mer en nitrates. Cela favorise l'apparition des marées vertes.

À RETENIR **Pour éviter une pollution de l'environnement comme les marées vertes, il faut une gestion raisonnée des apports d'engrais de natures diverses (organiques et minéraux).**

SCHÉMA BILAN

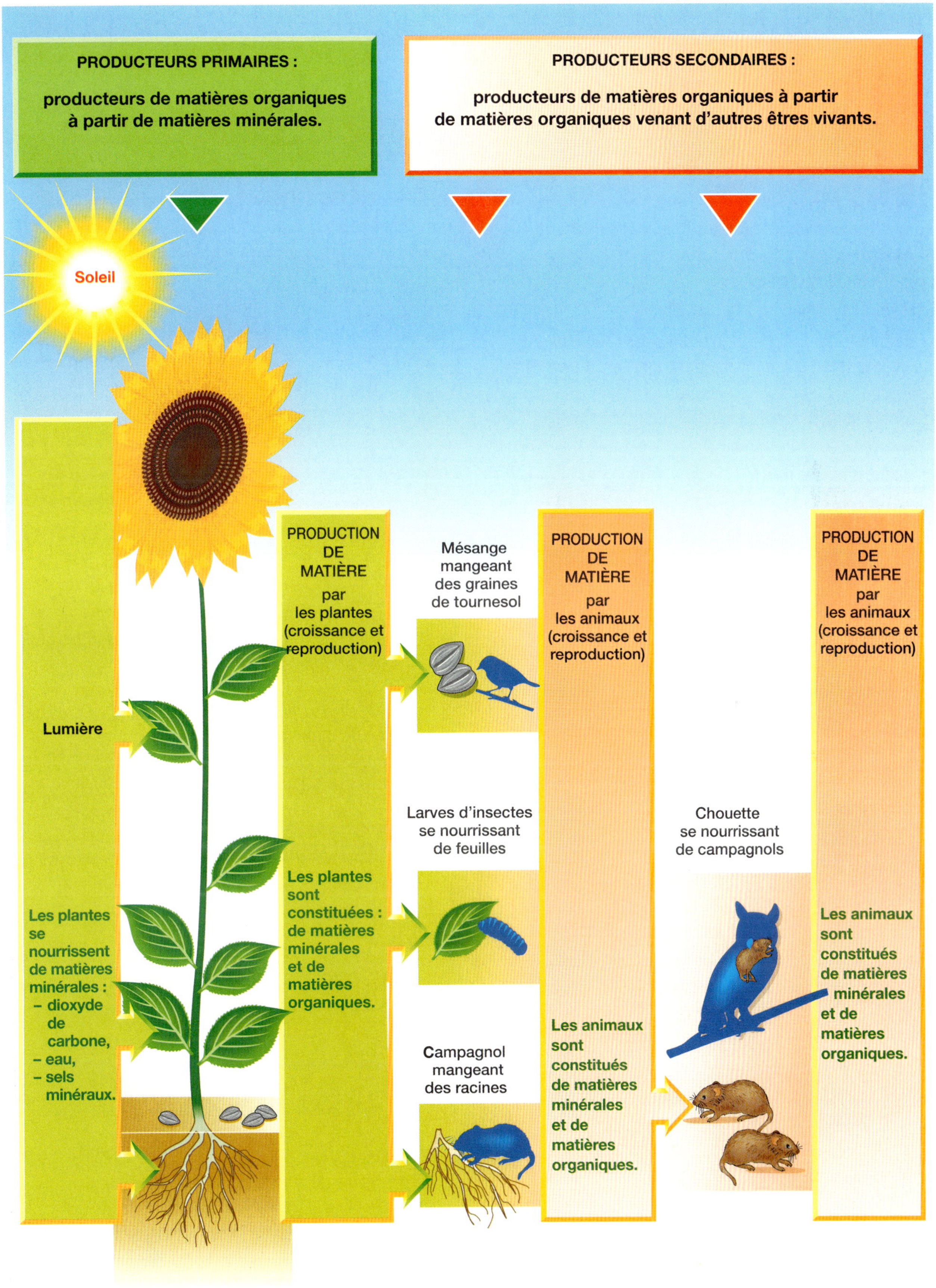

EXERCICES

Évaluer ses connaissances

1 Vrai ou faux ?

Indiquer les phrases qui sont exactes et corriger celles qui sont fausses.

Les végétaux chlorophylliens…

a. … sont des producteurs de matière.

b. … utilisent des matières organiques pour croître.

c. … peuvent être n'importe quel maillon d'une chaîne alimentaire.

d. … ont besoin de lumière pour augmenter de masse.

2 Croisons les mots

Horizontalement

a. Qualifie les producteurs autres que les végétaux chlorophylliens.

b. Son action peut être à l'origine de pollutions de l'environnement.

c. Une condition à la croissance des végétaux chlorophylliens.

d. Leur excès est à l'origine des marées vertes.

e. Les matières absorbées par les végétaux chlorophylliens.

Verticalement

1. Qualifie des producteurs comme les végétaux chlorophylliens.

2. Une pollution de certaines plages (en deux mots).

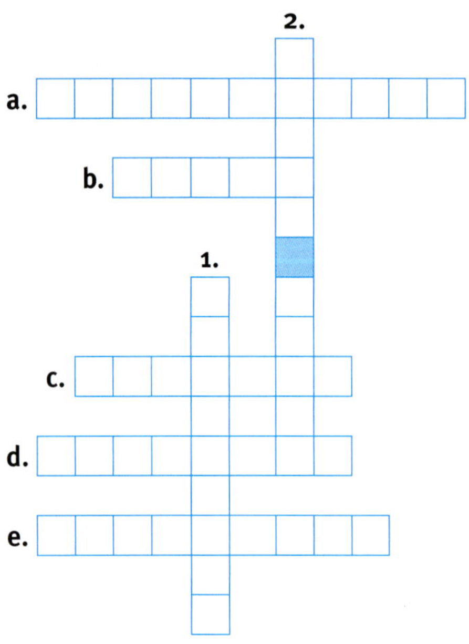

Évaluer ses compétences

3 La masse végétale au Sahel

De 1969 à 1975, la masse de matière végétale et la pluviosité ont été mesurées dans une région herbeuse du Sahel.

Année	Précipitations (mm)	Masse de matière organique (g/m²)
1969	450	260
1970	209	180
1971	202	181
1972	33	10
1973	209	180
1974	316	227
1975	311	236

Mesures des précipitations et de la masse de matière organique produite par les végétaux.

1. I Ra Quelle relation constate-t-on entre les précipitations et la masse de matière végétale ?

2. Ra Donner une conclusion sur les besoins des végétaux.

4 La croissance du tournesol

Âge de la culture (jours)	43	52	65	79	92	106
Masse de Tournesol (masse de matière organique en g/m²)	36	150	342	576	834	950

Évolution de la masse du tournesol au cours du temps.

1. C Construire sur une feuille de papier millimétré l'augmentation de masse du tournesol en fonction du temps, pour cela, reporter :

– l'âge sur l'axe horizontal (1 cm = 10 jours),

– la masse sur l'axe vertical (1 cm = 100 g).

2. Ra Justifier la phrase : « Le tournesol est un producteur de matière ».

5 Un animal omnivore : la fouine

La Fouine est un petit mammifère d'une taille d'environ 50 cm pour un poids de 2 kg. Elle vit traditionnellement dans les forêts de feuillus et ses capacités d'adaptation sont telles qu'on la rencontre également dans les zones habitées.

a. Fouine mangeant des cerises.

b. Fouine cassant un œuf de poule pour le consommer.

c. Fouine rapportant un mulot pour le manger.

1. I Les animaux qui consomment à la fois des aliments d'origine animale et végétale sont des omnivores. Justifier le qualificatif d'omnivore donné à la fouine.

2. Ra Nommer en le justifiant, parmi les êtres vivants considérés sur ces photos, ceux qui sont des producteurs primaires et ceux qui sont des producteurs secondaires.

6 Relations alimentaires en milieu aquatique

Le plancton est l'ensemble des êtres vivants microscopiques qui flottent dans les eaux des étangs ou des océans. Ce plancton est constitué de phytoplancton et de zooplancton.

Dans le phytoplancton se trouvent des micro-algues. Dans le zooplancton se trouvent des animaux microscopiques, transportés aux gré des courants, qui se nourrissent de phytoplancton.

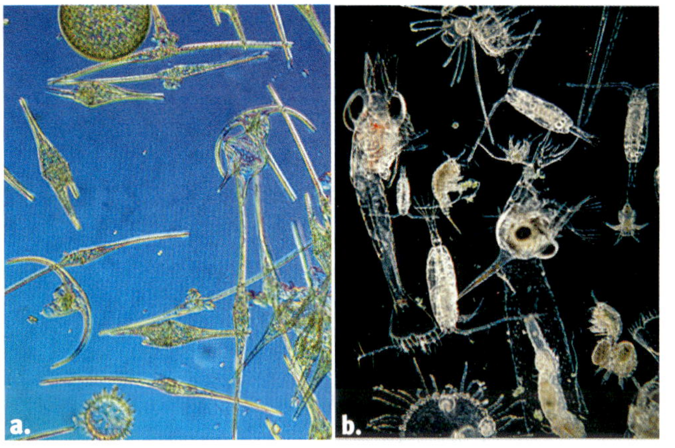

a. Phytoplancton : végétaux microscopiques.
b. Zooplancton : animaux microscopiques.

Sur les côtes du Pérou vivent des populations de cormorans et de pélicans qui se nourrissent d'anchois. À la suite d'événements climatiques particuliers, on a constaté une réduction importante des populations de cormorans et de pélicans. Ces événements climatiques ont provoqué une diminution de la teneur en sels minéraux des eaux marines de ces côtes. Les anchois se nourrissent de zooplancton.

c. Les conséquences d'évènements climatiques sur les populations d'oiseaux comme les cormorans et les pélicans.

d. Colonie de pélicans.

1. I Ra Établir une chaîne alimentaire entre tous les êtres vivants.

2. I Ra Parmi les êtres vivants, de ce milieu aquatique, quels sont les producteurs primaires et les producteurs secondaires ?

3. Ra Proposer une explication à l'évolution des populations de cormorans et pélicans.

Expérimenter

Faire germer des graines pour nourrir des criquets

Les criquets sont des végétariens qui consomment une grande quantité de végétaux. Pour fournir suffisamment de végétaux à un élevage de criquets, on peut faire germer des graines de blé.

a. Grains de blé en train de tremper dans de l'eau et grains disposés sur des germoirs.
b. Graines de blé germées.
c. Élevage de criquets nourris avec des germinations de blé.
d. Criquets se nourrissant de germinations.

1 Germination des graines

- Acheter des grains de blé chez un grainetier. Avant de les mettre à germer, les faire tremper dans de l'eau du robinet pendant 12 à 18 heures.
- Sur un germoir rempli préalablement d'eau, déposer une couche de graines prêtes à germer. Mettre le récipient près d'une source de chaleur (un radiateur).
- Au bout de trois à quatre jours, les graines germent : racines et tige apparaissent. Disposer alors les jeunes plants près d'une source de lumière (une fenêtre).
- Bien vérifier que les racines soient toujours humides. Ajouter, si nécessaire, de l'eau.

2 Source d'aliments pour l'élevage

- Quand les jeunes plants ont une taille de 8 à 10 cm de hauteur, ils peuvent être mis dans la cage à criquets. Ils servent alors d'aliments aux criquets.
- Ces criquets consomment une grande quantité de végétaux. Il faut donc faire des germinations en permanence, tous les deux jours environ. Si les germinations ne sont pas suffisantes, on peut donner de l'orge germé, que l'on achète chez le grainetier sous le nom « d'herbe à chat », ou de l'herbe du jardin.

Observer

Pendant que les criquets consomment les végétaux, regarder le fonctionnement de leurs mandibules !

Le recyclage de la matière organique

8

Un plant de courgette a germé naturellement sur le bac à compost. Ce jeune plant a trouvé tous les éléments nécessaires à sa croissance sur ce compost qui s'est formé à partir de végétaux morts.

OBSERVER S'INTERROGER

Une production végétale sans apport d'engrais

1 Forêt de feuillus (hêtres).

En automne, les arbres de cette forêt perdent leurs feuilles qui tombent sur le sol.
Chaque année, les végétaux de cette forêt grandissent ; ils trouvent dans leur environnement tous les éléments nécessaires à leur croissance.

2 Coupe d'un sol forestier.

Il tombe chaque année des feuilles et des brindilles mortes sur le sol d'une forêt. Pourtant, globalement, l'épaisseur du sol forestier n'augmente pas.

Une production végétale avec apport d'engrais

3 À maturité, la culture de maïs est moissonnée.

Lors de la moisson les graines sont récoltées et la plupart des tiges et des racines sont récupérées.

4 Épandage d'engrais minéraux.

L'agriculteur épand des engrais minéraux sur une nouvelle culture de maïs pour assurer la croissance des plantes puis la production de graines.

S'INTERROGER

- *Sur le devenir de la matière végétale morte dans une forêt.*
- *Sur les acteurs de la transformation de la matière organique végétale.*
- *Sur le fait que la production des arbres d'une forêt se réalise sans apport d'engrais.*
- *Sur la notion de biodégradabilité.*

ACTIVITÉS

1 Le sol et la disparition de la matière végétale

Dans une forêt, il tombe de trois à six tonnes, par hectare, de feuilles mortes sur le sol en une année. Que devient la matière de ces feuilles mortes ?

Le sol : un milieu favorable à la vie

5 De l'eau et de l'air dans le sol.

a. Aspect d'un sol sur lequel on verse doucement de l'eau.
b. Un sol est rapidement recouvert d'eau : des bulles d'air se forment.

6 De la vie dans le sol.

a. Les vers de terre (ou lombrics) creusent dans le sol des galeries. Ils sont à l'origine de 70 % de l'air contenu dans le sol. Ils enfouissent les feuilles mortes et les fragmentent. Ils se nourrissent de débris végétaux mélangés à de la terre.

b. Les lombrics rejettent sous forme de tortillons un mélange composé de terre et de débris végétaux non digérés.

QUESTIONS

S'INFORMER

① **Doc. 5, 6**
Quels sont les éléments du sol qui permettent la vie des lombrics ?

② **Doc. 7**
Que deviennent les feuilles mortes qui tombent sur le sol ?

③ **Doc. 6, 8**
Quel est le rôle des lombrics dans le sol ?

MOTS-CLÉS

- **Sol : milieu de vie**

La disparition des feuilles mortes

7 Différentes étapes de la décomposition des feuilles mortes.

Les feuilles mortes disparaissent peu à peu dans la litière du sol.
a. Feuilles mortes peu de temps après leur chute.
b. Feuille morte quelques semaines après sa chute.

8 Action des lombrics sur la litière.

a. Préparer une ferme à lombrics en reconstituant un sol et sa litière. Déposer successivement, dans un aquarium, une couche de sable, de terreau, de terre argileuse, de graviers, à nouveau du terreau et une couche de feuilles mortes en surface. Bien humidifier l'ensemble et déposer 10 à 15 vers de terre sur les feuilles mortes.
b. Ferme à lombrics 10 jours après.
c. Ferme à lombrics un mois après.

ACTIVITÉS 2 Réseaux alimentaires du sol

Les lombrics utilisent une partie de la matière végétale morte pour produire leur propre matière. Existe-t-il d'autres êtres vivants dans le sol ? Consomment-ils des débris végétaux comme les lombrics ?

Une grande diversité d'êtres vivants dans le sol

9 Des êtres vivants du sol.

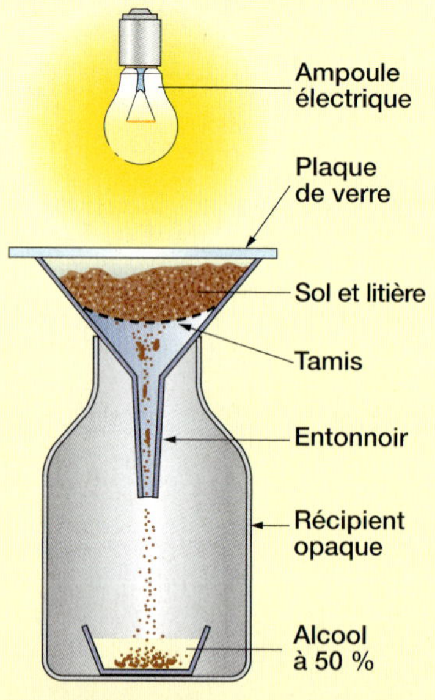

a.

b.

a. Appareil permettant de recueillir la microfaune du sol. La chaleur dégagée par la lampe fait fuir les animaux vers l'entonnoir. Ils traversent le tamis et tombent dans le récipient contenant de l'alcool. On peut alors les prélever.
b. Microfaune du sol observée à la loupe binoculaire (x2). Ces animaux mènent une vie active dans le sol car ils y trouvent : nourriture, air et eau.
c. Le sol : un milieu très peuplé.

Le sol renferme 260 millions d'animaux par mètre carré. La majorité est représentée par des êtres vivants d'une taille inférieure à 0,2 mm. Les acariens et les collemboles dont la taille varie entre 0,2 et 4 mm sont estimés de 200 000 à 400 000 par mètre carré. Les vers de terre (10 cm) sont environ 100 à 200 par mètre carré. On observe une taupe pour 100 m^2.
La terre contient également de nombreux micro-organismes comme des champignons et des bactéries (plusieurs centaines de millions par gramme de sol).
c.

QUESTIONS

S'INFORMER

① **Doc. 9**
Quels êtres vivants peut-on observer, en grand nombre, sur le document 9b si l'on prend en compte la taille des animaux cités dans le document 9c ?

S'INFORMER ET RAISONNER

② **Doc. 10**
Écrire un réseau alimentaire, en veillant à commencer chaque chaîne par les végétaux morts.

③ **Doc. 10**
Qu'est devenue la matière végétale des végétaux morts ?

MOTS-CLÉS

- **Êtres vivants du sol**
- **Chaînes alimentaires**
- **Réseaux alimentaires**

Chaînes et réseaux alimentaires entre les êtres vivants du sol

10 Le régime alimentaire de quelques êtres vivants du sol.

a. Ces filaments blancs sont des champignons qui se nourrissent de feuilles mortes et de bois mort.
b. Les collemboles, insectes du sol, se nourrissent de débris de végétaux et de filaments de champignons.
c. Les cloportes sont des crustacés du sol qui se nourrissent de végétaux en décomposition et de filaments de champignons.
d. Les gloméris se nourrissent de feuilles mortes et de filaments de champignons.
e. Les trombidions sont des acariens du sol, ils se nourrissent de collemboles.
f. Les scolopendres se nourrissent de vers, de larves, de gloméris, de collemboles et de cloportes.
g. Les iules se nourrissent de feuilles mortes et de fruits.
h. Les taupes se nourrissent de vers de terre.

ACTIVITÉS

3 Le recyclage de la matière organique

Comment le sol peut-il fournir aux végétaux les matières minérales dont ils ont besoin pour grandir ?

Minéralisation des matières organiques

11 L'action des bactéries.

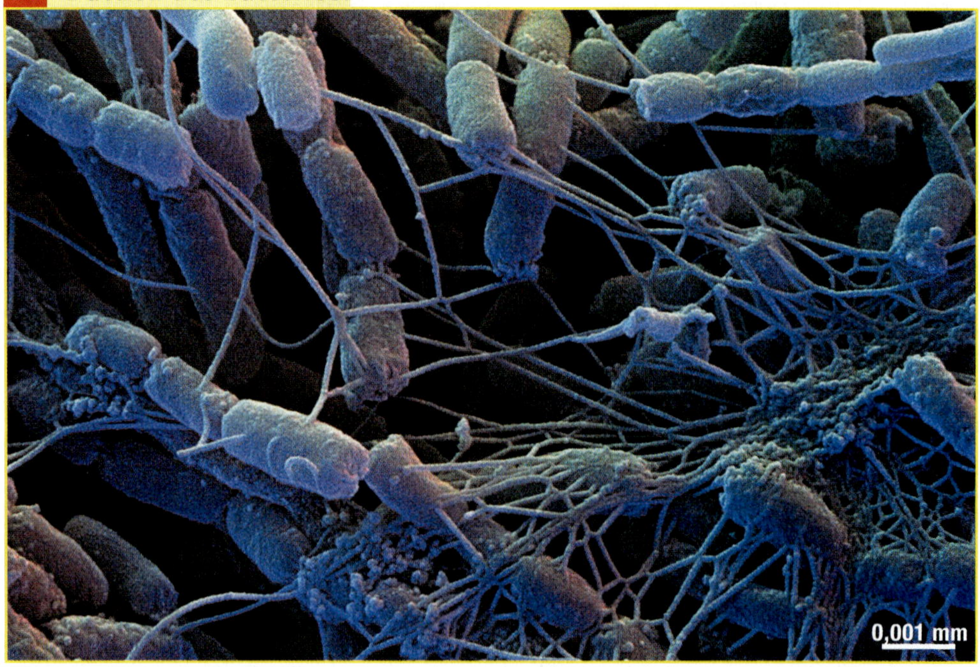

Bactéries et filaments de champignons du sol observés au microscope électronique. Tous les êtres vivants du sol et en particulier les bactéries et les champignons transforment la matière organique morte (bois, litière, cadavres, excréments...) en matière minérale : ce sont des décomposeurs.

12 Le recyclage de la matière organique vu par Victor Hugo.

Ces tas d'ordures du coin des bornes, ces tombereaux de boue cahotés la nuit dans les rues, ces affreux tonneaux de la voirie, ces fétides écoulements de fange souterraine que le pavé vous cache, savez-vous ce que c'est ? C'est de la prairie en fleur, c'est de l'herbe verte, c'est du serpolet et du thym et de la sauge, c'est du gibier, c'est du bétail, c'est le mugissement satisfait des grands bœufs le soir, c'est du foin parfumé, c'est du blé doré, c'est du pain sur votre table, c'est du sang chaud dans vos veines, c'est de la santé, c'est de la joie, c'est de la vie.

Victor Hugo, *Les Misérables*, cinquième partie, livre II, chapitre 1.

a.

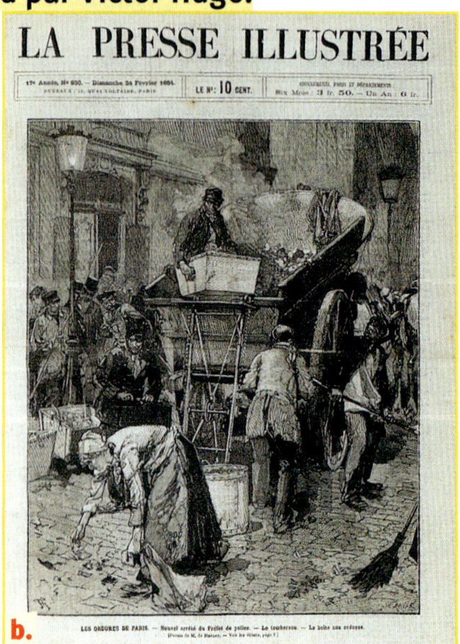
LA PRESSE ILLUSTRÉE

LE N°: 10 CENT.

b.

b. Tombereau d'ordures : ramassage des ordures le 24 février 1884 dans le cadre de la mise en application du nouvel arrêté du Prefet Eugène Poubelle.

QUESTIONS

S'informer

① **Doc.11**
Les champignons et les bactéries du sol utilisent les matières organiques du sol pour produire leur propre matière. Indiquer quelle est l'autre action de ces êtres vivants sur les matières organiques ?

S'informe et Raisonner

② **Doc. 11, 13**
Expliquer pourquoi il n'est pas nécessaire d'apporter des engrais pour la croissance des arbres d'une forêt.

③ **Doc. 11, 14**
Comment expliquer que l'épandage de fumier, riche en matières organiques, améliore la production végétale ?

④ **Doc. 12**
Que veut dire Victor Hugo quand il écrit : « Ces tas d'ordures..., ces tombereaux de boue... c'est de l'herbe verte..., c'est du bétail... » ?

MOTS-CLÉS

- **Matière organique**
- **Décomposeurs**
- **Recyclage**
- **Matière minérale**

Recyclage des matières organiques et production végétale

13 La litière enrichit le sol.

De jeunes arbres grandissent sans apport d'engrais.

14 Des pratiques agricoles qui enrichissent les sols.

Le fumier est composé de matières organiques utilisées comme engrais pour les cultures à la place des engrais minéraux. Le fumier est un mélange de paille (matières végétales mortes) et d'excréments (déjections) des animaux.

ACTIVITÉS

4 La biodégradabilité

Les matières organiques des végétaux morts sont transformées en matières minérales par les êtres vivants du sol. Mais que deviennent les objets fabriqués par l'Homme lorsqu'ils sont abandonnés dans la nature ?

Étude expérimentale de biodégradabilité

15 Le papier : un matériau biodégradable.

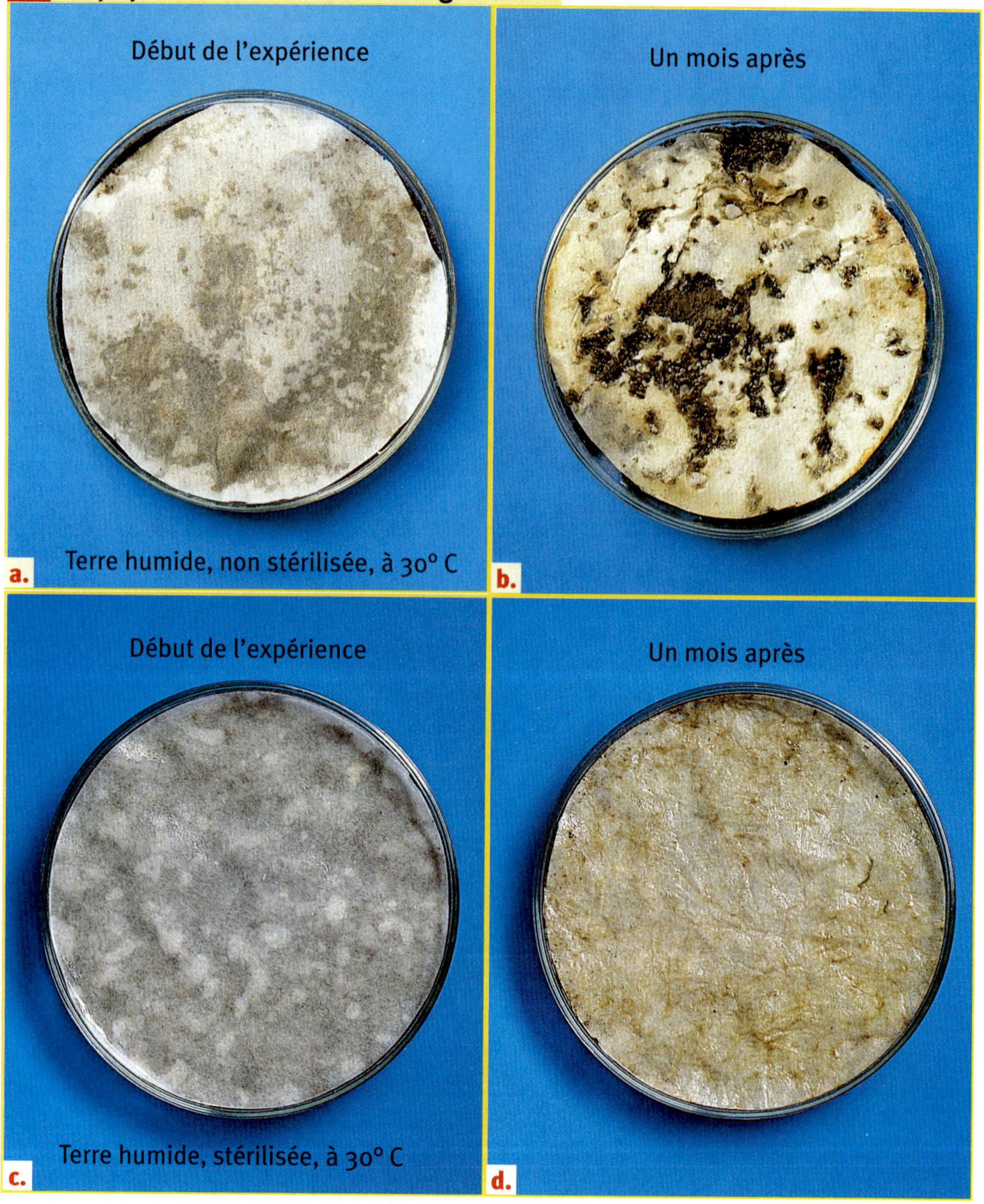

Une feuille de papier filtre est mise au contact de la terre dans une boîte de pétri. On observe le résultat un mois après.
Le papier est une matière organique fabriqué à partir de matière végétale : le bois.
La terre abrite de nombreux êtres vivants (bactéries, champignons...). Les êtres vivants sont tués lors de la stérilisation.

a. Feuille de papier filtre déposée sur de la terre humide et placée à l'étuve (30 °C) pendant un mois. La terre est maintenue humide pendant la durée de l'expérience.
b. Résultat un mois après.
c. Feuille de papier filtre déposée sur de la terre humide stérilisée et placée à l'étuve (30 °C) pendant un mois. La terre est maintenue humide pendant la durée de l'expérience.
d. Résultat un mois après.

QUESTIONS

S'INFORMER ET RAISONNER

① **Doc. 15**
Y-a-t-il eu une dégradation du papier « filtre » dans les deux cas expérimentaux ?

② **Doc. 15**
Qu'est-ce qui prouve que la dégradation du papier «filtre » est due à des êtres vivants ?

③ **Doc. 16**
Quels sont les objets qui peuvent être considérés comme biodégradables ?

COMMUNIQUER

④ **Doc. 17**
Quel comportement, en tant que citoyen responsable, doit-on adopter pour préserver l'environnement ?

MOTS-CLÉS

- **Matières organiques**
- **Matières biodégradables**

Le devenir de différents objets dans la nature

16 Les objets ne sont pas tous biodégradables.

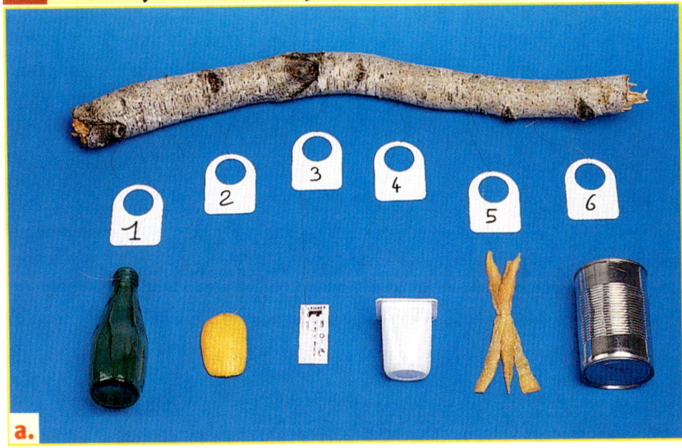

a.

b.

Certains objets disparaissent rapidement dans la nature car ils sont composés de matières organiques, provenant d'animaux ou de végétaux, qui sont dégradées par des êtres vivants du sol : ils sont biodégradables.
On enterre des objets de nature différente, étiquetés et espacés les uns des autres. On les ressort deux mois plus tard et on observe.
a. État des objets avant de les enfouir dans la terre.
1 : bouteille en verre, 2 : peau d'orange, 3 : ticket de bus, 4 : pot de yaourt, 5 : épluchure de carottes, 6 : boîte de conserve.
b. Observation des objets après un séjour de deux mois enfouis dans la terre.
c. Temps nécessaire à la dégradation de quelques objets.

Ticket d'autobus	3 mois
Peau de banane	6 mois
Mégot de cigarette	1 an
Chewing-gum	5 ans
Canette en aluminium	10 ans à 100 ans
Boite de conserve	100 ans
Gobelet ou sac en plastique	100 à 1 000 ans
Bouteille en verre	4 000 ans

c.

17 Un comportement aux conséquences néfastes.

a.

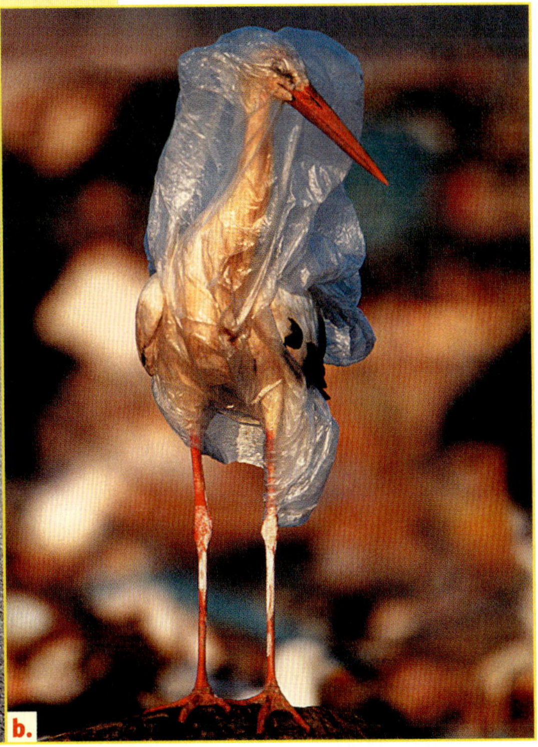

b.

a. Les plastiques sont des matières fabriquées par l'Homme et généralement non biodégradables.
b. Les plastiques non dégradés peuvent entraîner la mort d'animaux.

NOTIONS ESSENTIELLES

Le recyclage de la matière organique

ACTIVITÉS 1

Le sol et la disparition de la matière végétale

BILAN DES ACTIVITÉS

Le sol abrite des êtres vivants, notamment des lombrics qui y trouvent l'air, l'eau et la nourriture nécessaire à leur vie. Ces êtres vivants participent à la disparition des organes végétaux morts.

À RETENIR **Le sol contient de l'air et de l'eau indispensables à la vie des êtres vivants qu'il abrite. Il est composé de matières minérales et des matières organiques (restes d'êtres vivants : feuilles, cadavres, excréments).**

ACTIVITÉS 2

Réseaux alimentaires du sol

BILAN DES ACTIVITÉS

Le sol est un milieu peuplé par des millions d'êtres vivants appartenant à des espèces très diverses. La majorité de ces êtres vivants ne sont pas visibles à l'œil nu. Ils ont des régimes alimentaires variés ; beaucoup se nourrissent de débris de végétaux mais certains mangent d'autres êtres vivants (animaux).

À RETENIR **Les matières organiques des végétaux morts sont le point de départ de chaînes alimentaires reliées en réseaux. Tous les êtres vivants de ces réseaux alimentaires sont des producteurs de leur propre matière. Ils participent ainsi à la disparition de la litière.**

ACTIVITÉS 3

Le recyclage de la matière organique

BILAN DES ACTIVITÉS

Grâce à l'action des décomposeurs (bactéries et filaments de champignons du sol), les matières organiques de la litière ou du fumier sont transformées en matières minérales. Les arbres et les plantes cultivées utilisent ces matières minérales pour leur croissance.

À RETENIR **Les êtres vivants du sol et en particulier les organismes microscopiques (bactéries et champignons) réalisent la transformation des matières organiques en matières minérales. Grâce à cette minéralisation, la matière organique des végétaux et animaux morts est rendue utilisable pour la croissance des végétaux. On dit qu'elle a été recyclée.**

ACTIVITÉS 4

La biodégradabilité

BILAN DES ACTIVITÉS

Le papier est détruit en quelques semaines, grâce à l'action des êtres vivants du sol : on dit qu'il est biodégradable. Les boîtes de conserve, les objets en verre... ne sont pas biodégradables.

À RETENIR **Un objet biodégradable est un objet composé de matières organiques, provenant d'animaux ou de végétaux, qui sont dégradées par les êtres vivants du sol. Il peut donc disparaître rapidement.**

SCHÉMA BILAN

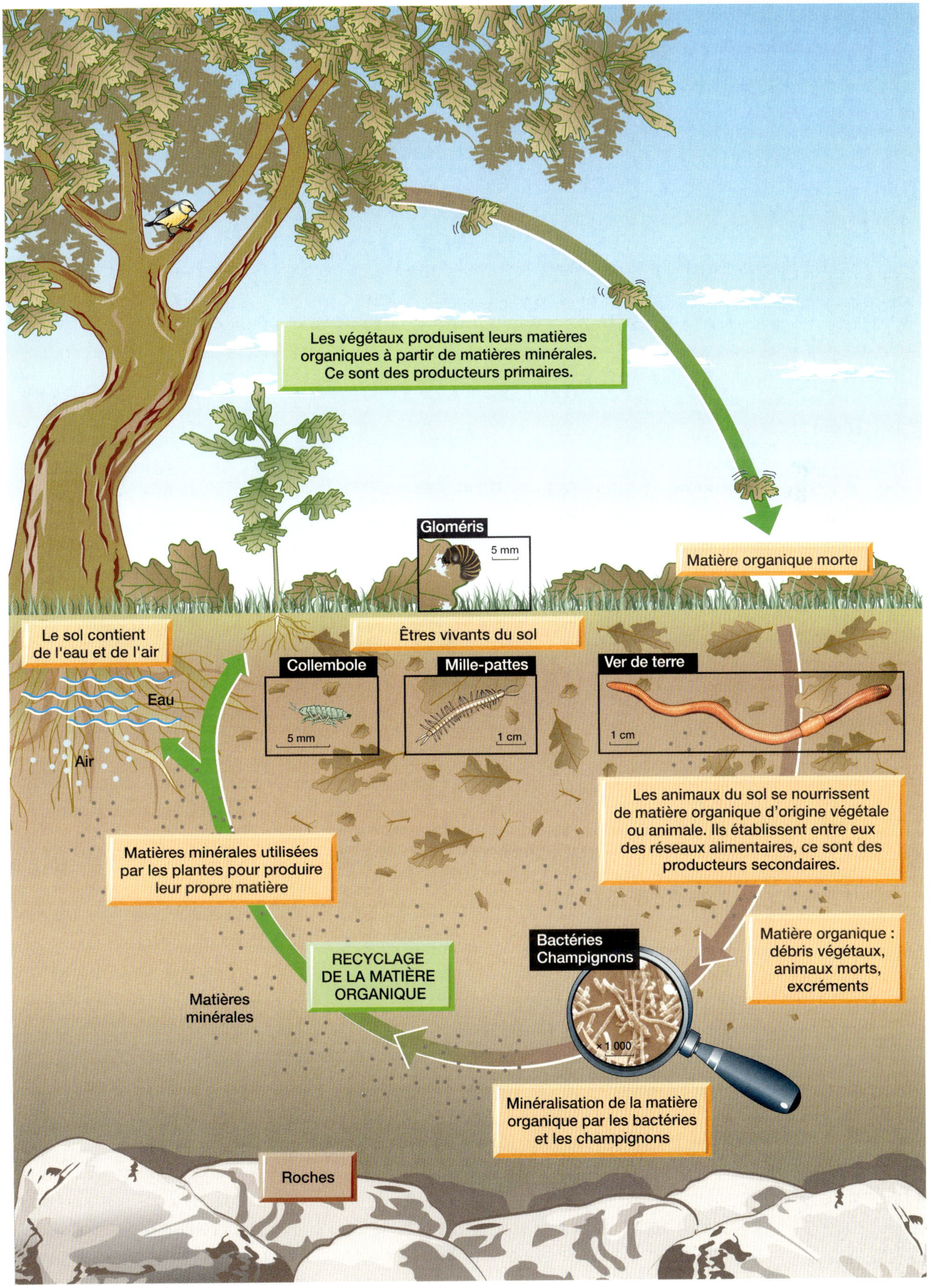

EXERCICES

Évaluer ses connaissances

1 Vrai ou faux ?

Indiquer les phrases exactes et corriger celles qui sont fausses.

a. Le sol est riche en êtres vivants.

b. La matière organique est transformée en matière minérale par les bactéries du sol.

c. Le plastique et le verre se dégradent aussi vite que les matières végétales.

2 Croisons les mots

Horizontalement

a. Action des bactéries par laquelle elles transforment les matières organiques en matières utilisables par les plantes.

b. Nom d'un animal qui vit dans le sol et qui rejette ses excréments à la surface du sol sous forme de tortillons.

c. Êtres vivants microscopiques présents en très grande quantité dans le sol et jouant un rôle important dans l'enrichissement du sol en matières minérales.

d. Désigne des substances répandues sur un champ afin d'augmenter la production végétale.

Verticalement

1. Qualifie une matière qui peut être dégradée par les êtres vivants.

2. Désigne l'opération par laquelle un produit de déchet est réutilisé pour fabriquer un nouveau produit (par exemple du verre pour fabriquer de nouvelles bouteilles) ; dans la nature on utilise aussi ce terme pour la transformation des matières organiques en matières réutilisables par les plantes.

3. Tous les êtres vivants produisent ces matières.

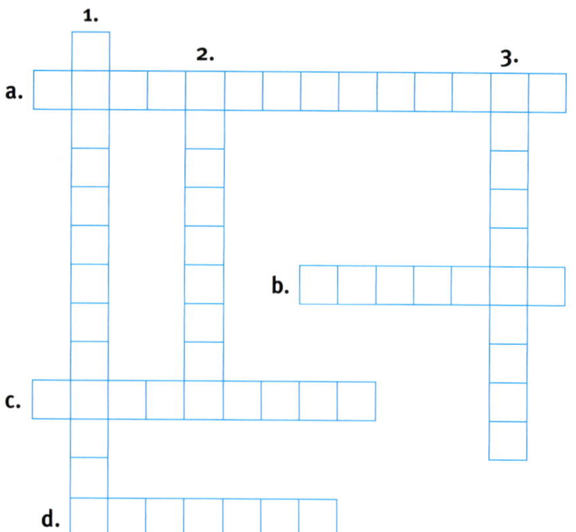

Évaluer ses compétences

3 Champ de maïs

La photo montre deux parcelles où on a semé en même temps des graines de maïs. Les sols de ces deux parcelles sont les mêmes sauf que dans la parcelle en arrière plan, on a enfoui des matières organiques. Les parcelles ont été photographiées deux mois après le semis.

Le sol de la parcelle de maïs, située au premier plan, n'a pas été enrichi en matières organiques alors que dans celui de la parcelle, située en arrière plan, des matières organiques ont été enfouies.

1. I Indiquer la parcelle où la production de matière par les maïs a été la plus importante.

2. I Ra Indiquer les aliments utilisés par les maïs des deux parcelles pour fabriquer leur matière.

3. I Ra Proposer une explication à la différence de production entre les deux parcelles.

4 Les marées noires

Les chercheurs travaillent sur l'utilisation de bactéries mangeuses d'hydrocarbures, matières organiques du pétrole, pour nettoyer les plages polluées. Ils ont mis au point un produit, l'inipol, qui dope les bactéries et ouvre leur appétit de pétrole. L'inipol n'est pas toxique pour la flore et la faune et est totalement biodégradable. En fait, il ne fait qu'amplifier l'activité des bactéries déjà présentes au moment de la pollution, en mer comme sur la côte.

1. I Ra Indiquer si ces bactéries mangeuses de pétrole sont des producteurs primaires ou des producteurs secondaires

2. I Ra Les constituants du pétrole sont-ils des matières biodégradables ? Justifier.

5 L'action des lombrics

Les vers de terre ou lombrics vivent dans le sol où ils creusent des galeries. Ils enfouissent et fragmentent les feuilles de la litière et se nourrissent de matière végétale mélangée à de la terre.

a. Ver de terre dans la litière du sol.

On a placé, en juillet, dans le sol deux filets contenant des feuilles entières de chêne. La différence entre les deux filets porte sur la taille des mailles. Le premier sac a des mailles d'une taille supérieure à 7 mm, laissant passer les vers de terre. Le second a des mailles d'une taille de 0,5 mm ne laissant pénétrer que la microfaune du sol.

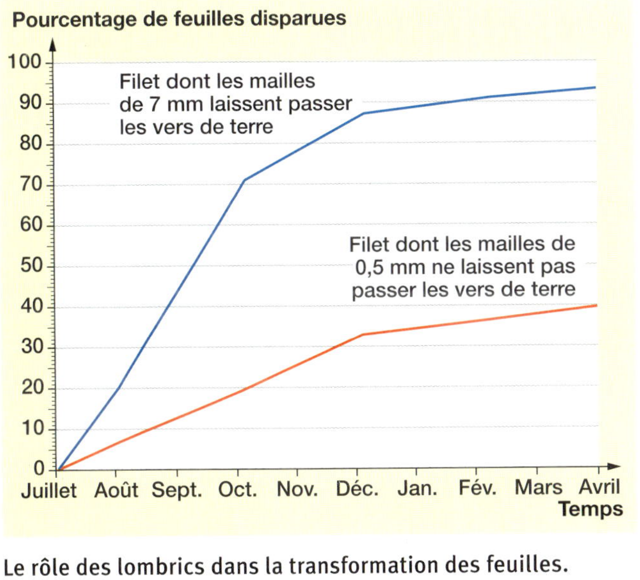

Le rôle des lombrics dans la transformation des feuilles.

1. I Indiquer pour chacun des filets le pourcentage de feuilles disparues au mois de décembre et au mois d'avril.
2. I Ra Indiquer le filet où la disparition des feuilles a été la plus importante. Lire les conditions d'expérience et indiquer à quoi peut être due la différence dans la disparition des feuilles des deux filets.
3. Ra Quelle conclusion peut-on tirer de cette expérience ?
4. I Ra dans le filet aux mailles larges (7 mm), indiquer si la disparition des feuilles a été la plus importante entre juillet et décembre ou entre décembre et avril. Imaginer une explication.

6 le sol : milieu de vie

La photographie ci-dessous représente une coupe de sol.

Le sol est un véritable milieu de vie, avec des composantes variées.

1. I Indiquer à partir de la coupe du sol :
   - un organe appartenant à un être vivant,
   - un organe mort contenant des matières organiques,
   - un objet minéral.
2. Ra Indiquer trois constituants importants du sol non reconnaissables sur la coupe de sol mais en rapport avec le fait que le sol est un milieu de vie.
3. I Ra À partir de certains éléments de la photo, (feuilles mortes et végétaux), expliquer ce que veut dire l'expression : « recyclage de la matière organique ».

7 Fertilisation forestière

Dans les stations d'épuration, le traitement des eaux usées produit des boues riches en matières organiques.
Des chercheurs ont voulu voir si ces boues pouvaient servir à améliorer la production de plantations forestières destinées à une exploitation intensive du bois. Dans la forêt d'Ychoux, à 60 km de Bordeaux, ils ont épandu de telles boues sur une petite parcelle de jeunes pins maritimes.

Au bout de 3 ans, ils ont constaté que la croissance des arbres de la parcelle traitée était de 16 % supérieure à celle des arbres des parcelles témoin.

1. I Ra Expliquer comment l'apport de boues peut contribuer à améliorer la production de bois par les arbres.
2. Ra Expliquer en quoi cet apport peut être intéressant dans les plantations forestières très exploitées et inutile dans une forêt peu exploitée.

Expérimenter

Fabriquer un mini composteur

On peut construire un mini composteur et l'utiliser pour fabriquer du terreau à partir des déchets organiques biodégradables.

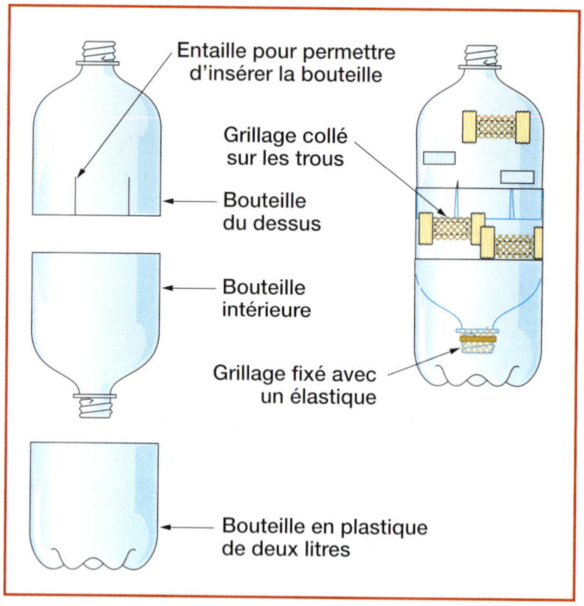

a. Fabriquer un mini composteur.

1 Préparation

- À l'aide des schémas, découper deux bouteilles en plastique et créer des trous d'un centimètre sur quatre centimètres.
- Fixer sur les trous et sur l'orifice de la bouteille intérieure, avec du ruban adhésif, des morceaux de grillage fin.
- Remplir la première moitié de la bouteille intérieure avec de la terre puis l'autre moitié avec des déchets biodégradables : épluchures de légumes, restes de fruits... Les micro-organismes qui dégradent les déchets sont contenus dans la terre.
- Ajouter de l'eau pour humidifier.
- Replacer la bouteille du dessus, sans bloquer les trous d'aération pour que l'air puisse entrer et sortir. Fermer la bouteille du dessus avec son bouchon.

b. Mini composteur au début de l'expérience.
c. Plusieurs semaines après, les déchets biodégradables sont transformés en compost.

2 Entretenir le compostage

- Maintenir humide la terre en versant de l'eau par l'orifice de la bouteille.
- Aérer le compost, en remuant avec une cuillère. Les micro-organismes mènent une vie active grâce à la nourriture, à l'eau et à l'air présents dans le mélange.
- Examiner chaque semaine, l'aspect des déchets et noter les transformations.

3 Utiliser le compost

- Après plusieurs semaines, sous l'action des micro-organismes, les matières organiques sont transformées en terreau (compost ou humus) que l'on peut utiliser pour les jardinières ou les pots de fleurs.

d. Utilisation du compost pour les plantes en pots.

Expérimenter

Fabriquer du terreau

On peut facilement fabriquer du terreau à partir des déchets organiques biodégradables générés par nos activités.

1 Réalisation

- Dans un coin du jardin, prévoir un espace d'une superficie d'environ 1 m^2.
- Dans cet espace, déposer, directement, en tas vos déchets biodégradables ou disposer un composteur construit ou acheté.
- Le composteur peut être en bois, en palettes, en plastique, en brique, l'important étant qu'il soit aéré et qu'il fasse environ un mètre cube de volume.
- Déposer en tas ou dans le composteur vos déchets de cuisine et de jardin.
- Retourner vos détritus régulièrement (une fois par semaine) de façon à les aérer.
- Surveiller l'humidité et arroser si c'est nécessaire.
- On peut chaque jour déposer de nouveaux déchets sur le tas ou dans le composteur.

2 Observations

- Après plusieurs semaines, les déchets ont changé d'aspect. Un terreau noirâtre (compost) s'est formé sous le tas ou à la base du bac.
- On peut alors utiliser le terreau comme engrais dans le jardin ou dans les pots de fleurs.

Astuces

- **Pour accélérer la transformation, on peut broyer les déchets avant de les déposer et/ou ensemencer les déchets avec un activateur de compost vendu dans les jardineries.**

a. Déchets biodégradables déposés en tas.

b. Aérer les déchets en les retournant.

c. Utilisation du terreau pour le jardin

PARTIE

PROGRAMME

- **L'Homme élève des animaux et cultive des végétaux pour se procurer des aliments.**

Le produit de l'élevage ou de la culture répond aux besoins en aliments de l'Homme (matières grasses, sucres rapides, sucres lents, protéines).
Élevage ou culture nécessite une gestion rationnelle.

- **Certains aliments proviennent d'une transformation contrôlée par l'Homme.**

Les aliments produits sont issus de la transformation d'une matière première animale ou végétale.
Le produit de la transformation répond aux besoins en aliments de l'Homme (matières grasses, sucres rapides, sucres lents, protéines).
Selon la façon dont les aliments sont transformés, leur goût peut être différent.
Ces produits transformés visent à satisfaire les goûts des consommateurs.

- **L'Homme maîtrise l'utilisation des micro-organismes à l'origine de cette transformation.**

Au cours de la fabrication, des micro-organismes appropriés appelés ferments, transforment le produit d'origine, dans des conditions physico-chimiques particulières.

CHAPITRES

4

Des pratiques au service de l'alimentation humaine

PARTIE 4

Des pratiques au service de l'alimentation humaine

9 De la culture du blé à la fabrication du pain

10 De l'élevage à la fabrication des fromages

De la culture du blé à la fabrication du pain

9

Le pain tient une place importante dans notre alimentation. Il est fabriqué avec la farine obtenue à partir du blé cultivé.

OBSERVER S'INTERROGER

Le blé et le pain dans notre alimentation

1 Des aliments fabriqués à partir du blé cultivé.

Les grains de blé sont broyés pour faire de la farine. Avec la farine, on peut faire des pains dont l'aspect et le goût sont différents.

2 Le pain : un aliment de l'Homme.

a.

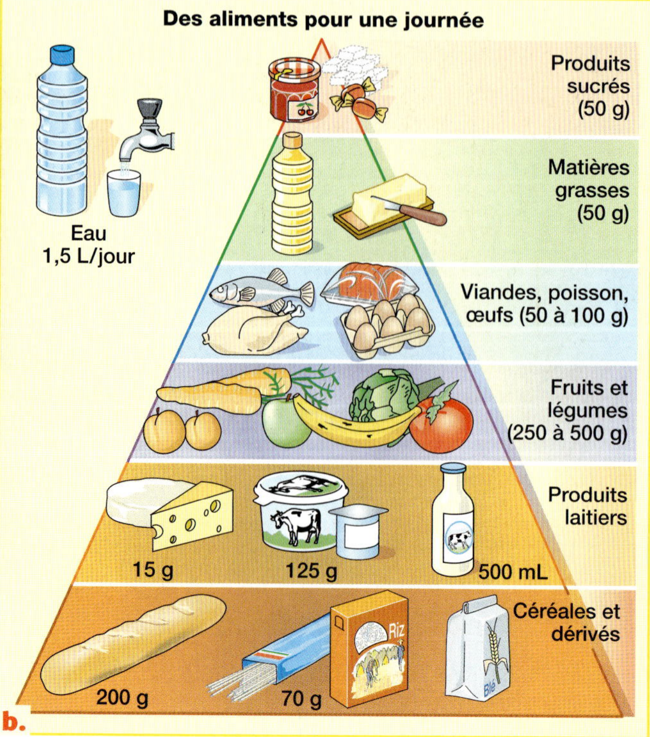

b.

a. L'Homme fabrique du pain depuis très longtemps. Ces pains ont été trouvés dans une tombe égyptienne (3 400 ans).
b. La place du pain dans notre alimentation d'aujourd'hui. Cette pyramide indique les proportions à respecter entre nos aliments pour rester en bonne santé.

La culture du blé a une longue histoire

3 La récolte du blé en Égypte, il y a 3 400 ans.

4 Des blés bien différents.

a.

b.

Le blé sauvage est cultivé depuis 12 000 ans environ. Les variétés de blé cultivées aujourd'hui proviennent d'améliorations apportées, par l'Homme, au blé sauvage.
a. Épi d'une variété de blé sauvage.
b. Épi d'une variété de blé cultivée aujourd'hui.

5 La récolte du blé aujourd'hui.

S'INTERROGER

- *Sur l'importance du blé et du pain dans notre alimentation.*
- *Sur les conditions de la fabrication des différentes sortes de pain.*
- *Sur les qualités du blé cultivé actuel par rapport à celles du blé sauvage.*
- *Sur les conditions de la production du blé.*

ACTIVITÉS

1 Le pain, un aliment essentiel

Le pain fut longtemps la base de notre alimentation. Aujourd'hui, il accompagne tous nos repas. Que contient-il qui soit capable de nous nourrir ?

QUESTIONS

RÉALISER ET S'INFORMER

① **Doc. 6**
Comment sépare-t-on le gluten de l'amidon ? Quelle propriété du gluten met-on en évidence ?

S'INFORMER

② **Doc. 7, 10**
Comparer les compositions de la farine de blé et du pain blanc.

S'INFORMER ET RAISONNER

③ **Doc. 8, 9, 10**
Quel est le type de matières organiques (glucides, lipides, protéines) dont les besoins alimentaires sont le mieux satisfaits par le pain ; raisonner en admettant que l'on mange 600 g de pain par jour ?

MOTS-CLÉS

- **Amidon**
- **Gluten**
- **Protéines**
- **Glucides**
- **Lipides**

Les constituants de la farine de blé

6 Mise en évidence des constituants de la farine.

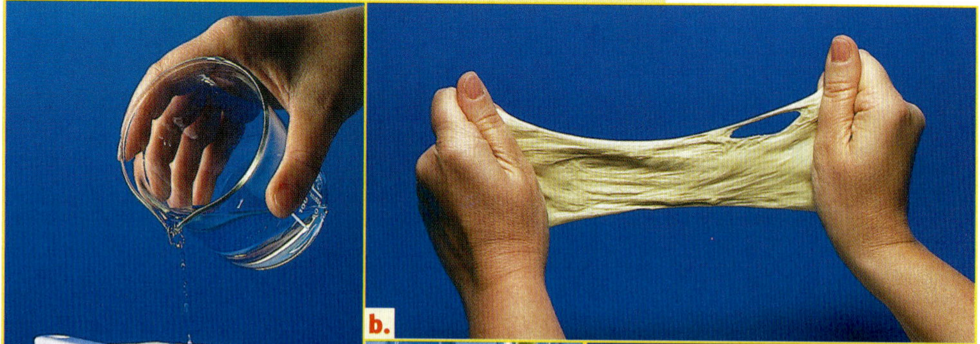

a. Séparation des constituants de la farine. On mélange un peu de farine avec de l'eau, puis on pétrit la pâte sous un filet d'eau. Le gluten (principale protéine de la farine de blé), reste dans la main, alors que les autres constituants de la farine sont entraînés avec l'eau.
b. Comportement du gluten.

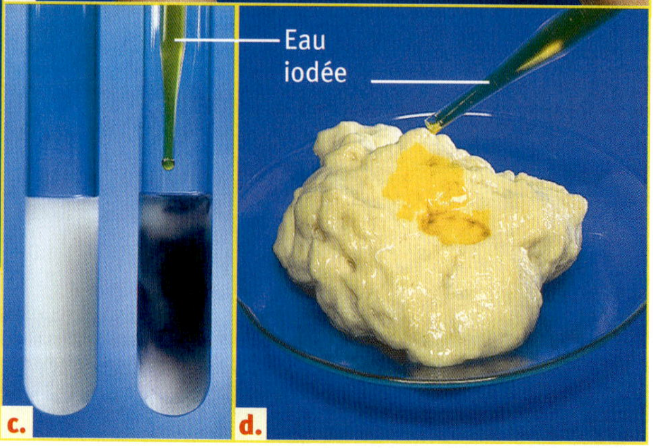

c. Mise en évidence de l'amidon dans l'eau blanche recueillie dans le cristallisoir. L'amidon est un féculent, appelé encore sucre lent, car il se transforme en sucre au cours de la digestion. Il se colore en bleu violacé en présence d'eau iodée.
d. Recherche d'amidon dans le gluten.

7 La composition d'une farine de blé.

Pour 100 g de farine	En grammes
Glucides (amidon, et sucres)	73
Lipides (matières grasses)	1,5
Protéines (gluten)	10,5
Eau	13,5
Éléments minéraux	1,5

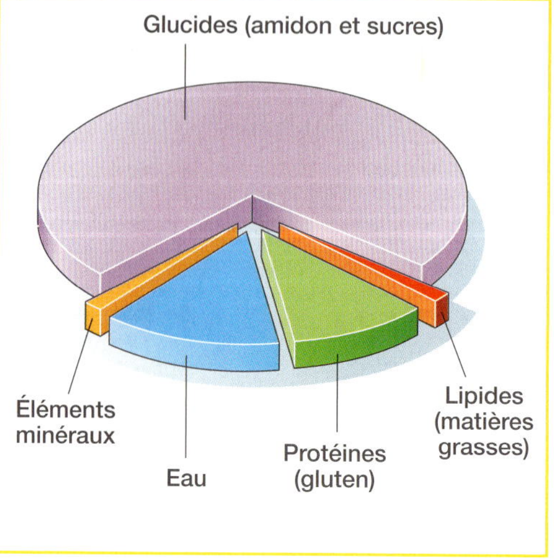

Les protéines, comme le gluten, les lipides ou matières grasses et les glucides, comme l'amidon et les sucres, sont des substances organiques fabriquées par des êtres vivants. Dans le cas de la farine, elles sont fabriquées par les plants de blé.

Le pain est un aliment nourrissant

8 Un moment essentiel de la journée.

Le petit-déjeuner permet de satisfaire les besoins alimentaires de la matinée.

9 Les besoins alimentaires journaliers d'un enfant de douze ans.

Constituants	En grammes
Glucides (amidon et sucres)	340
Lipides (matières grasses)	84
Protéines	93
Eau	2 000
Éléments minéraux	2

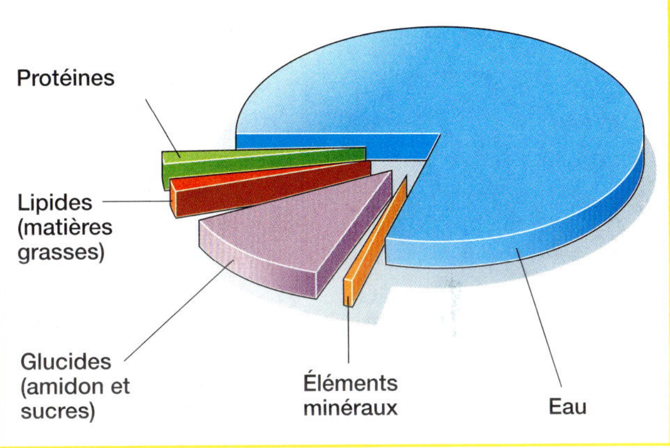

10 La composition du pain blanc fait avec de la farine de blé.

a. Recherche d'amidon dans le pain. On verse quelques gouttes d'eau iodée sur une tranche de pain.
b. Composition du pain blanc fabriqué avec de la farine de blé.

Pour 100 g de pain	En grammes
Glucides (amidon et sucres)	52
Lipides (matières grasses)	1
Protéines (gluten)	7
Eau	38
Éléments minéraux	2

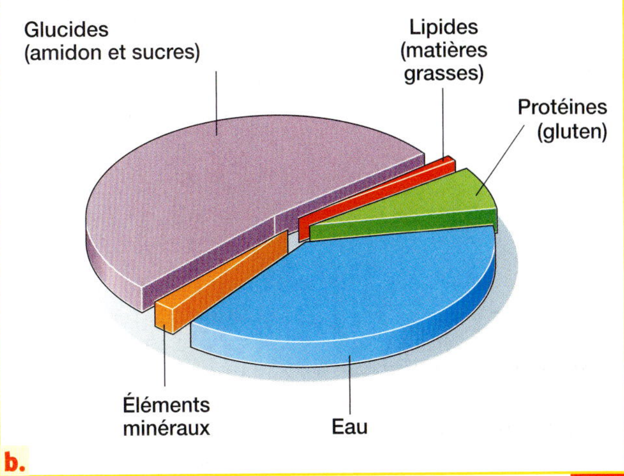

ACTIVITÉS

2 La fabrication du pain

Pour faire du pain, le boulanger mélange de la farine, de l'eau, du sel et du levain. Le levain est une boule de pâte contenant de la levure. Comment fabrique-t-on le pain ? Quel est le rôle de la levure et celui de la farine ?

De la farine à la fabrication du pain

11 Les étapes de la fabrication du pain.

a. Dans un pétrin sont mélangés : farine de blé, eau, sel et levure.
b. La pâte est pétrie.
c. La pâte repose pendant 90 minutes à une température d'environ 25 °C.
d. On fabrique des pâtons qu'on laisse ensuite reposer pendant 20 minutes à 25 °C.
e. Les pâtons sont enfournés à une température de 250 °C. La cuisson dure de 15 à 20 minutes.
f. Pains cuits.

QUESTIONS

S'INFORMER ET COMMUNIQUER

① **Doc. 11**
Décrire les étapes de la fabrication du pain.

S'INFORMER ET RAISONNER

② **Doc. 12**
Comparer l'aspect de la pâte et du pain cuit obtenus avec ou sans levure. Que peut-on conclure ?

③ **Doc. 12, 13**
Comparer l'aspect des pains obtenus avec de la farine de blé, de seigle et de maïs lorsqu'on a utilisé de la levure. Que peut-on conclure ?

MOTS-CLÉS

- **Farine**
- **Levain**
- **Levure**
- **Pétrissage**

L'importance de la levure et de la farine

12 Pour comprendre l'importance de la levure.

Ingrédients	Aspect de la pâte après le pétrissage	Aspect de la pâte 90 minutes après le pétrissage, avant sa mise au four	Aspect du pain cuit
125 g de farine de blé 2,5 g de sel 75 g d'eau			
125 g de farine de blé 2,5 g de sel 75 g d'eau 5 g de levure de boulanger			

13 Pour comprendre l'importance de la nature de la farine.

Ingrédients	Aspect de la pâte après le pétrissage	Aspect de la pâte 90 minutes après le pétrissage, avant sa mise au four	Aspect du pain cuit
125 g de farine de seigle 2,5 g de sel 75 g d'eau 5 g de levure de boulanger			
125 g de farine de maïs 2,5 g de sel 75 g d'eau 5 g de levure de boulanger			

Toutes les farines ne contiennent pas les même protéines. La farine de blé est riche en gluten. La farine de seigle est pauvre en gluten et la farine de maïs n'en contient pas.

ACTIVITÉS

3 L'action de la levure de boulanger

Que contient la levure de boulanger ? Pourquoi la pâte gonfle-t-elle en sa présence ?

Des cellules vivantes

14 La levure de boulanger dans le commerce.

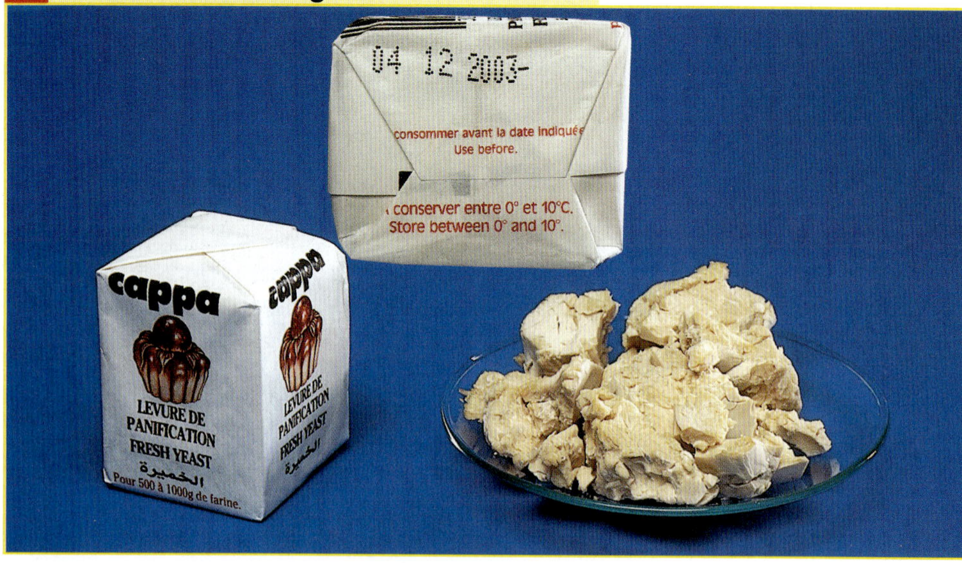

Chaque paquet de levure de boulanger comporte des indications de conservation.

15 Observation de la levure de boulanger au microscope optique.

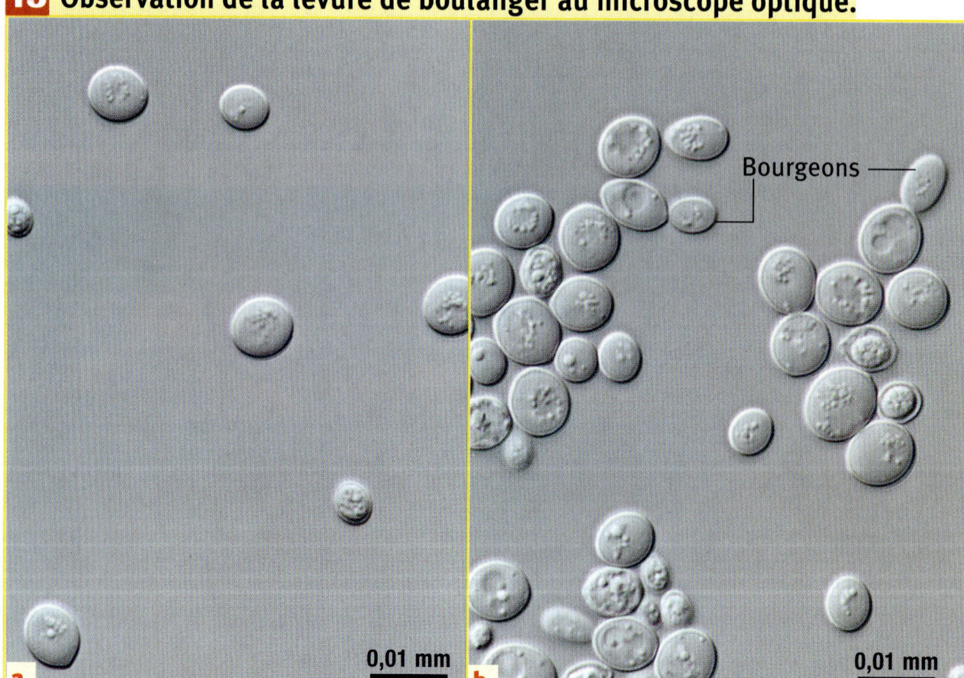

a. De la levure de boulanger est délayée dans de l'eau puis observée au microscope optique. On observe des cellules isolées et chacune d'elles est une levure.

b. Levures placées dans un milieu nutritif (eau sucrée) observées au microscope optique. Les cellules se reproduisent par bourgeonnement. Chaque bourgeon se détachera de la cellule mère.

QUESTIONS

S'INFORMER ET RAISONNER

① **Doc. 14, 15**
Quels sont les faits qui montrent que la levure de boulanger est constituée de micro-organismes vivants ?

② **Doc. 16, 17**
Quelle conclusion peut-on tirer de cette expérience ?

RAISONNER ET COMMUNIQUER

③ **Doc. 16, 18**
Expliquer pourquoi la pâte gonfle en présence de levure.

S'INFORMER ET RAISONNER

④ **Doc. 14 à 18**
Utiliser certains mots-clés pour décrire l'action de la levure de boulanger.

MOTS-CLÉS

- **Fermentation**
- **Levures**
- **Cellules vivantes**
- **Bourgeonnement**
- **Dioxyde de carbone**

Une transformation réalisée par la levure

16 Une expérience de fermentation.

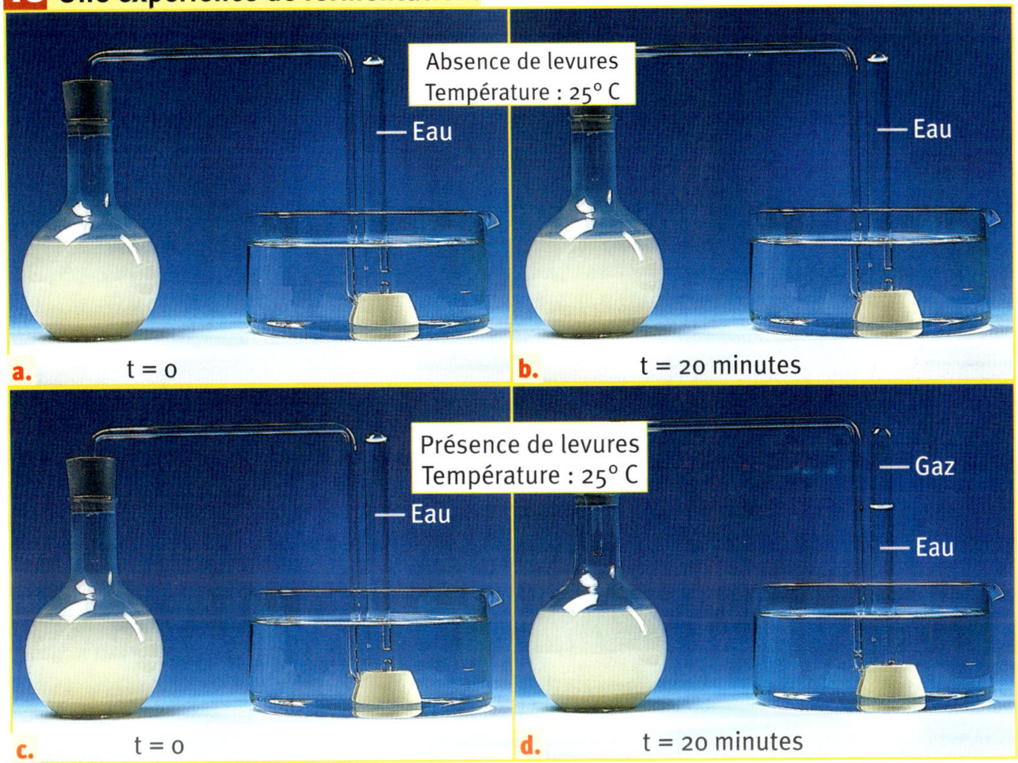

a. Début de l'expérience. Le flacon contient de l'eau et de la farine de blé.
b. Au bout de 20 minutes.
c. Début de l'expérience. Le flacon contient de l'eau, de la farine de blé et une suspension de levures.
d. Au bout de 20 minutes.

17 Identification du gaz dégagé en présence de levures.

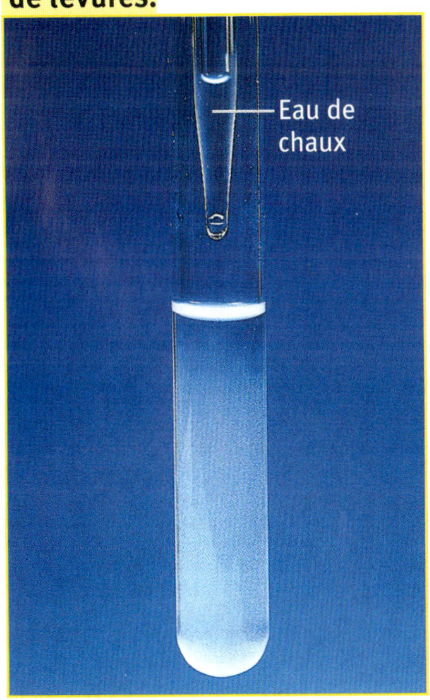

On retourne le tube à essai contenant le gaz dégagé dans l'expérience du document 16d et on ajoute de l'eau de chaux. Parmi les gaz, le dioxyde de carbone est le seul qui trouble l'eau de chaux.

18 Expérience : dégagement gazeux et levée de la pâte à pain.

On injecte dans de la pâte à pain, ne contenant pas de levure, un mélange gazeux (de l'air).
a. Aspect de la pâte avant injection d'air.
b. Aspect de la pâte après injection d'air.

ACTIVITÉS **4**

La culture du blé

Comment obtient-on les nombreux grains de blé nécessaires pour faire de la farine ?

L'obtention d'un grand nombre de grains de blé

19 La germination d'une graine de blé.

Les graines sont semées en automne. Un sol bien aéré favorise leur germination.
a. Germination d'une graine de blé. **b.** Jeune plant de blé en hiver. **c.** Plant adulte issu de la germination d'une seule graine.

20 La floraison du blé au printemps.

a. Épi de blé en fleurs au printemps.
b. Une fleur au sein d'un épi.
c. Épi de blé à maturité en été.

Le pistil de chaque fleur, grâce au pollen des étamines, est devenu un fruit contenant une graine. Chaque fruit est un grain de blé.

QUESTIONS

S'INFORMER ET RAISONNER

① **Doc. 19, 20**
Expliquer pourquoi on récolte plus de grains de blé qu'on en a semé.

② **Doc. 21**
Quels sont les avantages des variétés de blé cultivées aujourd'hui par rapport aux variétés de blé sauvage ?

③ **Doc. 22**
Expliquer pourquoi la production de blé augmente lorsqu'on utilise des engrais.

MOTS CLÉS

- **Graine**
- **Fleur**
- **Épi**
- **Engrais**
- **Variétés sélectionnées**

L'amélioration de la production

21 La sélection des variétés cultivées.

a.

Les variétés de blé sauvage furent les premières à être cultivées. Leurs épis portent de petites graines peu nombreuses et pauvres en gluten et amidon. À maturité, leurs épis se fragmentent, les grains se dispersent sur le sol et sont très difficiles à récolter.

b.

c.

a. Parcelles de blé où sont cultivées différentes variétés pour en apprécier le rendement.
b. Amélioration des variétés cultivées aujourd'hui à partir des variétés de blé sauvage.
c. Un champ de blé mûr.
Les plants de blé des variétés cultivées aujourd'hui produisent de nombreux épis dont les grains sont riches en amidon et en gluten. À maturité, ils restent groupés, ce qui permet de les moissonner.

22 Les effets de l'utilisation d'engrais.

a.

Quantité d'engrais apportée (en kg d'engrais/hectare)	0	80	120	160	200
Quantité de grains de blé récoltée (en quintaux/hectare)	29,8	46,0	51,1	54,2	55,3

b.

Les engrais contiennent des éléments minéraux utilisés par les végétaux pour leur croissance.
a. Épandage d'engrais.
b. Quantités de grains récoltés après l'épandage d'engrais.

NOTIONS ESSENTIELLES

De la culture du blé à la fabrication du pain

ACTIVITÉS 1

Le pain, un aliment essentiel

BILAN DES ACTIVITÉS

Comme la farine de blé, le pain est riche en amidon. Il peut donc assurer une bonne partie de nos besoins en glucides. Il contient aussi des proteines et des lipides mais en trop faible quantité pour satisfaire, à lui seul, tous nos besoins alimentaires.

À RETENIR **L'Homme cultive les végétaux qui lui fournissent des aliments dont il a besoin. Le blé est surtout cultivé parce que ses graines contiennent beaucoup d'amidon.**

ACTIVITÉS 2

La fabrication du pain

BILAN DES ACTIVITÉS

Pour fabriquer du pain, on mélange la farine de blé avec de l'eau, du sel et de la levure de boulanger.
Les trous dans la mie de pain sont dus à l'action de la levure et à l'élasticité du gluten qui permet à la pâte de gonfler.

À RETENIR **Le pain est fabriqué avec de la farine de blé, mélangée avec de l'eau et de la levure qui fait lever la pâte. Le pain est obtenu en faisant cuire cette pâte.**

ACTIVITÉS 3

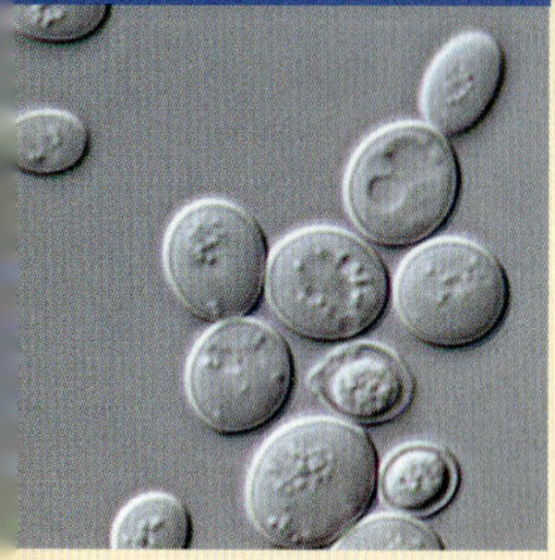

L'action de la levure du boulanger

BILAN DES ACTIVITÉS

La levure de boulanger est constituée de micro-organismes unicellulaires vivants, ce sont des levures. Elles se nourrissent des constituants de la farine et produisent du dioxyde de carbone (fermentation) qui fait gonfler la pâte grâce à l'élasticité du gluten.

À RETENIR **L'Homme utilise des micro-organismes vivants pour transformer des aliments fabriqués par des végétaux. Le pain est le résultat d'une transformation biologique : une fermentation réalisée par les levures.**

ACTIVITÉS 4

La culture du blé

BILAN DES ACTIVITÉS

Le blé est une plante à fleurs. Les grains de blé sont les fruits de la plante ; chacun d'eux contient une graine.
La germination d'une graine est à l'origine de plusieurs épis de blé et donc d'une grande quantité de grains.

À RETENIR **Les variétés de blé cultivées aujourd'hui produisent de nombreuses graines riches en gluten et en amidon permettant de faire une farine de bonne qualité. Les traitements (engrais) apportés aux cultures améliorent les rendements.**

Culture du blé

Sélection d'une variété de blé dont les grains sont riches en amidon et en gluten

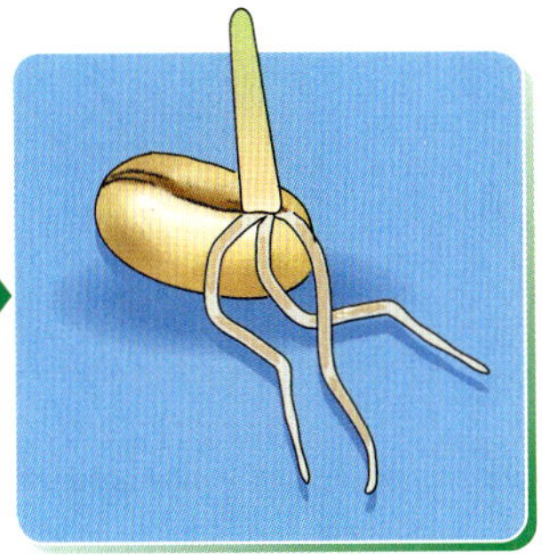

Germination d'une graine de blé

Apport d'engrais

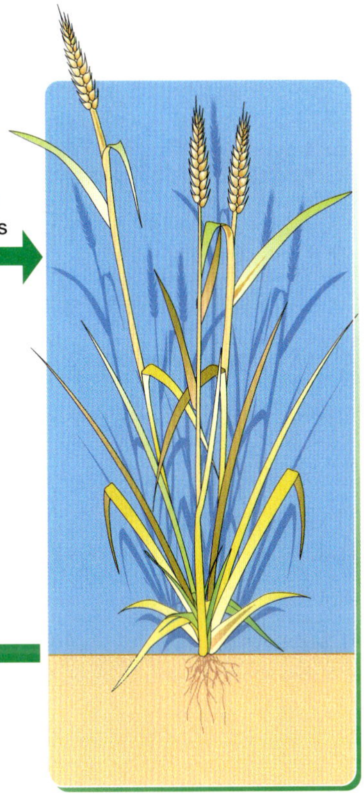

Plant de blé ayant donné plusieurs épis

Moisson : récolte des grains de blé

Fabrication du pain

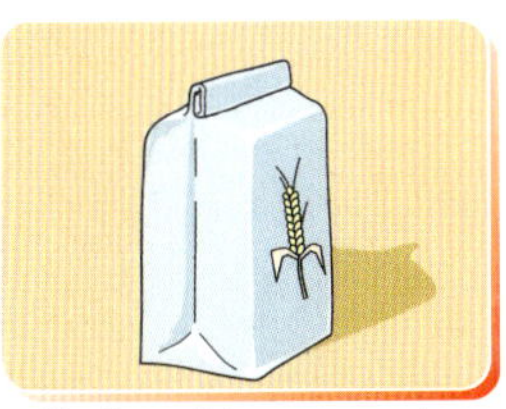

Farine obtenue par le broyage des grains de blé

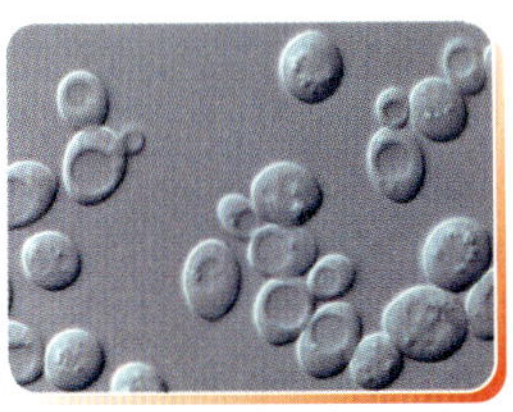

Levure de boulanger

Eau Sel

On obtient une pâte à pain qui lève grâce au dioxyde de carbone produit par les levures (fermentation) et à l'élasticité du gluten.

Découpage des pâtons et mise au four.

Le pain est un aliment nourrissant.

EXERCICES

Évaluer ses connaissances

1 Vrai ou faux ?

Indiquer quelles sont les phrases exactes et corriger celles qui sont fausses.

a. Le pain ne contient que très peu d'amidon.

b. La levure de boulanger est une substance constituée par des êtres vivants.

c. Tous les pains sont fabriqués avec la même farine.

d. La farine provient du broyage des graines d'un végétal.

2 Des explications brèves

Expliquer pourquoi…

a. … il y a des trous dans la mie de pain.

b. … le pain est un aliment nourrissant.

c. … on récolte toujours plus de grains de blé qu'on en a semé.

d. … on laisse lever la pâte à pain à une température de 20 à 25 °C avant de la mettre au four.

3 Croisons les mots

Horizontalement

a. À l'origine d'un plant de blé.

b. Transformation de la pâte à pain par des levures.

c. Micro-organisme qui fait gonfler la pâte.

Verticalement

1. Elle est obtenue par le broyage des grains de blé.

2. Ils augmentent la croissance du blé.

3. Il est abondant dans la graine du blé.

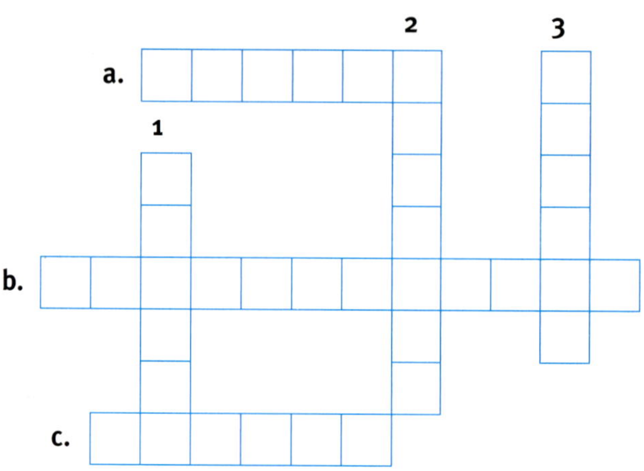

Évaluer ses compétences

4 Levures ou poudre à lever ?

Certaines substances chimiques (poudre à lever) peuvent être mélangées à la pâte destinée à la fabrication d'un gâteau, car elles dégagent du dioxyde de carbone au cours de la cuisson.

La levure de boulanger est mélangée à la pâte destinée à la fabrication de pain ou de brioche. La levée de la pâte se fait avant la mise au four.

a. Levure chimique ou poudre à lever que l'on mélange à la pâte à gâteaux.

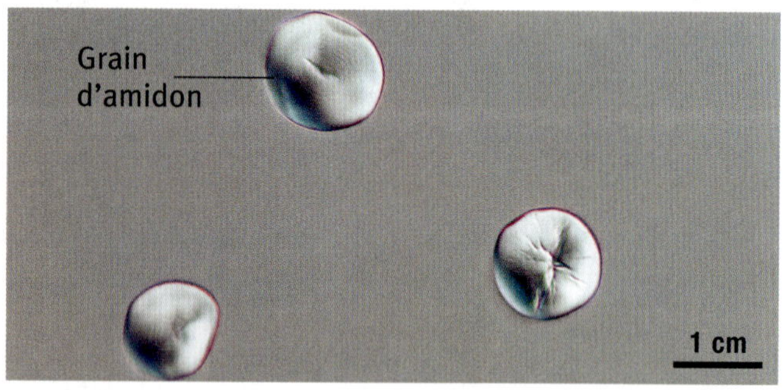

b. Observation au microscope optique de levure chimique mélangée à de la farine destinée à la fabrication d'un gâteau.

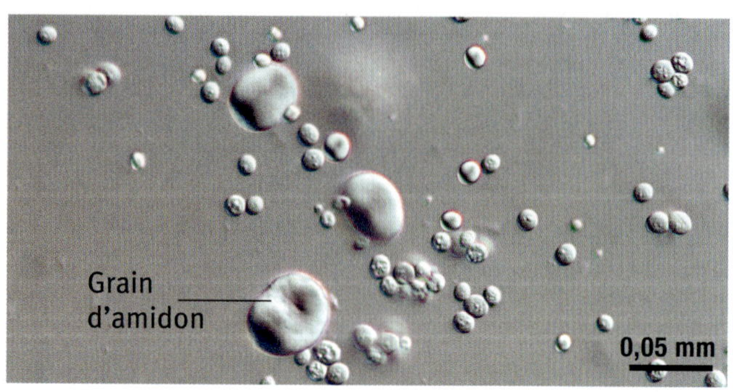

c. Observation au microscope optique de levure de boulanger mélangée à de la farine destinée à la fabrication d'une brioche.

1. I Dans la pâte réalisée avec de la levure chimique observe-t-on des levures ?

2. Ra Expliquer pourquoi la pâte gonfle dans le cas du gâteau et dans le cas de la brioche.

5 Le pain complet

a. Pain complet.

b. Pain blanc.

c. Grain de blé.

d. Coupe d'un grain de blé.

La farine utilisée pour faire le pain blanc est faite avec des grains de blé séparés de leur enveloppe. Cette enveloppe, le son, n'est pas séparée de la graine dans la farine utilisée pour faire du pain complet.

Pour 100 g	Pain complet	Pain blanc
Glucides	50 g	52 g
Lipides	2 g	1 g
Protéines	9 g	7 g
Eau	29 g	38 g
Éléments minéraux	2g	2 g
Fibres	8 g	0 g

e. La composition d'un pain complet et d'un pain blanc (en grammes) pour 100 g de pain. Les fibres contenues dans les aliments facilitent la progression des aliments dans l'intestin.

1. I Comparer les compositions du pain complet et du pain blanc.

2. I Ra Quelle peut être l'origine de la présence des fibres contenues dans le pain complet ? Quel est l'intérêt de consommer du pain complet ?

6 Le pain et les pâtes alimentaires

On cultive deux sortes de blé :

- les grains de blé « tendre », sont broyés pour faire de la farine de froment,
- les grains de blé « dur » sont réduits en petits morceaux pour faire de la semoule.

Baguette

Ingrédients : farine de froment, eau, levure, sel.

a. Les ingrédients d'une baguette.

b. Les ingrédients des pâtes.

1. I La baguette de pain et les pâtes alimentaires sont-elles fabriquées à partir des mêmes variétés de blé ?

2. Ra Expliquer pourquoi les pâtes alimentaires peuvent remplacer le pain dans l'alimentation humaine.

3. Ra À partir des ingrédients utilisés pour fabriquer des pâtes et ceux utilisés pour fabriquer une baguette, dire si la semoule de blé subit une transformation biologique au cours de la fabrication des pâtes alimentaires.

7 Expériences

Au cours de la fabrication d'une pâte à pain, les ingrédients de la recette et leurs proportions sont respectés. Cependant une partie de la recette est modifiée et décrite dans chacune des expériences suivantes.
Les levures, comme la très grande majorité des êtres vivants, meurent à une température élevée (80 °C et plus).

Première expérience

Délayer de la levure dans de l'eau bouillante et attendre que l'eau refroidisse pour pétrir la pâte à pain. Laisser reposer la pâte pendant 90 minutes puis la mettre au four.

Deuxième expérience

Pétrir de la pâte à pain puis fabriquer un pâton et le mettre immédiatement au four.

Ra Pour chacune des expériences, quel sera l'aspect du pain obtenu ? Pourquoi ?

Expérimenter

Fabriquer du pain

On peut réaliser plusieurs sortes de pains à partir de farine de blé et de levure de boulanger. Mais il y a des conditions à respecter.

1 Les ingrédients pour faire une baguette

- 250 g de farine de blé (type T 55),
- 5 g de sel de cuisine,
- 150 g d'eau à 25 °C,
- 10 g de levure de boulanger,
- une grande bassine et un torchon.

a.

b.

c.

2 Suivre les conseils du boulanger

- Dans la bassine, dissoudre le sel dans un peu d'eau, ajouter la farine, puis la levure délayée dans l'eau tiède.
- Pétrir pendant 10 minutes la pâte avec les deux mains, pour obtenir une pâte lisse, brillante, élastique, qui ne colle pas aux mains.
- Laisser reposer la pâte pendant 15 minutes à une température de 20 à 25° C.
- Partager la pâte en deux et fabriquer deux pâtons de 35 centimètres de long.
- Placer les pâtons sur un linge saupoudré de farine, et attendre (environ 1 heure et 30 minutes) que la pâte double de volume.
- Fendre le dessus du pâton avec un couteau.
- Chauffer pendant 20 minutes le four, réglé à une température de 250 °C, puis placer les pâtons sur la plaque de cuisson pendant 20 minutes.

a. Pâte mise à lever à une température de 20 à 25° C.
b. Pétrissage de la pâte avant de la découper en pâtons.
c. Fabrication des pâtons.

Gourmandise !

- **On peut faire une baguette viennoise en ajoutant à la pâte à pain, 15 g de sucre et 15 g de lait en poudre. À la fin du pétrissage, ajouter 50 g de beurre.**

De l'élevage à la fabrication des fromages

10

Le lait et les fromages tiennent une place essentielle dans notre alimentation.
L'Homme élève des animaux pour se procurer du lait, à partir duquel il fabrique des fromages.

La production de lait

1 Vaches allaitant leur veau.

3 La traite des vaches laitières.

Depuis très longtemps, l'Homme élève des vaches pour se nourrir de leur lait.

2 Mère allaitant son enfant.

4 Le lait est l'unique aliment du nouveau-né.

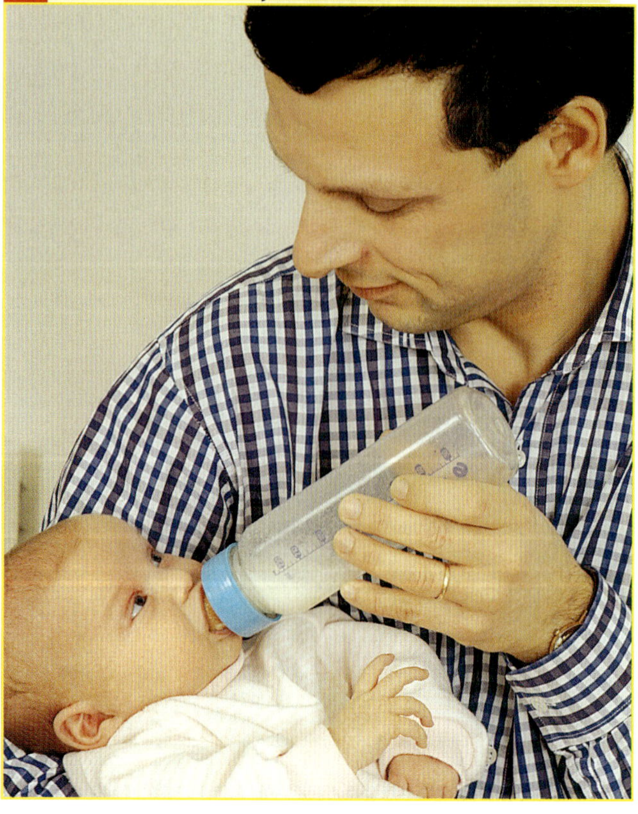

Nouveau-né nourri avec du lait maternisé fabriqué à partir du lait de vache.

Les produits laitiers au quotidien

5 La diversité des produit laitiers.

Les fromages sont tous fabriqués à partir de lait. Pourtant, ils diffèrent par leur aspect, leur goût et leur odeur.

6 Du lait au cours de la journée.

a.

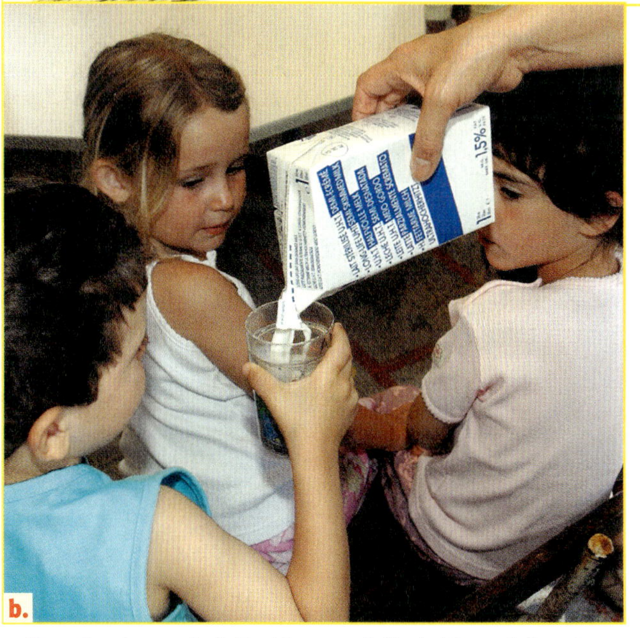

b.

a. Tous les jours, le lait et les produits laitiers doivent être présents dans l'alimentation des enfants.
b. À l'école, du lait est proposé à ces jeunes enfants.

S'INTERROGER

- *Sur l'importance du lait et des produits laitiers dans notre alimentation.*
- *Sur les conditions nécessaires à la production de lait par les vaches laitières.*
- *Sur la fabrication des fromages et des produits laitiers.*

ACTIVITÉS

1 Le lait, un aliment complet

Le lait est le seul aliment du mammifère nouveau-né. Quelles sont les substances du lait qui permettent sa croissance ?

Des aliments obtenus à partir du lait

7 La crème du lait.

a. Lait frais entier. **b.** Lait entier conservé trois jours au froid.
c. Goutte de lait frais observée au microscope optique.

8 La fabrication du beurre à partir de la crème.

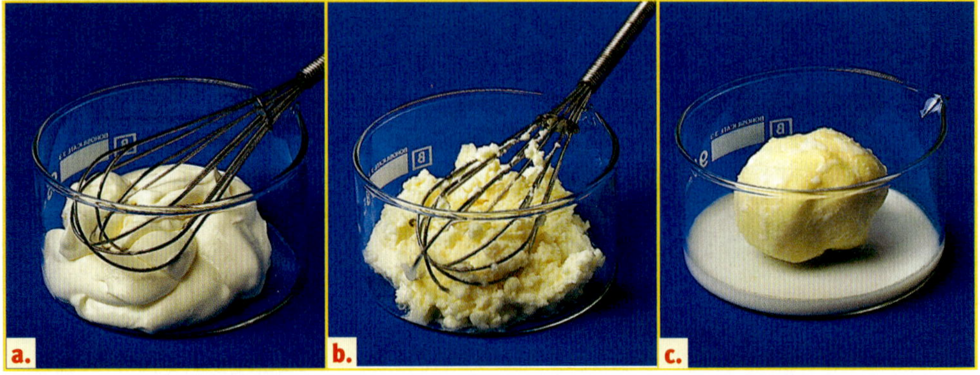

a. Crème du lait. **b.** Crème battue à l'aide d'un fouet. **c.** Beurre obtenu.

9 Le fromage blanc et le petit-lait.

On peut faire cailler le lait en y ajoutant quelques gouttes d'une solution acide (vinaigre par exemple). Le caillé ou fromage blanc, peut être séparé du petit-lait par filtration. Le caillé contient des lipides, des protéines et des éléments minéraux comme le calcium. Le petit-lait contient des éléments non retenus par le caillé en particulier des glucides (sucres rapides) et d'autres protéines.

QUESTIONS

S'INFORMER

① **Doc. 7, 8, 9**
Quels constituants du lait retrouve-t-on dans le beurre et dans le fromage blanc ?

S'INFORMER ET RAISONNER

② **Doc. 10, 11**
Expliquer pourquoi le lait de femme ou le lait « maternisé » suffisent à l'alimentation du nouveau-né.

③ **Doc. 10, 11**
Quelle quantité de lait de vache un enfant de 12 ans devrait-il consommer pour satisfaire ses besoins journaliers en calcium ? en glucides ?

RAISONNER ET COMMUNIQUER

④ **Doc. 7 à 12**
En utilisant les mots-clés, dire pourquoi le lait est un aliment complet.

MOTS-CLÉS

- **Lipides**
- **Glucides**
- **Protéines**
- **Calcium**

Le lait, un aliment quotidien

10 Le lait, un aliment nourrissant.

Substances contenues (en grammes) dans 100 mL	Glucides (Sucres)	Lipides (Matières grasses)	Protéines	Éléments minéraux, dont le calcium	Eau
Lait de Vache	4,7	3,6	3,2	0,8 (0,12)	87,7
Lait de Femme	7	4	1	0,3 (0,05)	87,7
Lait « maternisé » (0 à 4 mois)	7	3,8	1,7	0,4 (0,05)	87,1

Au cours des premières semaines de sa vie, le nouveau-né ne se nourrit que du lait maternel, ou de lait « maternisé », fabriqué à partir du lait de vache.

11 Les besoins journaliers d'un nouveau-né et d'un enfant de 12 ans.

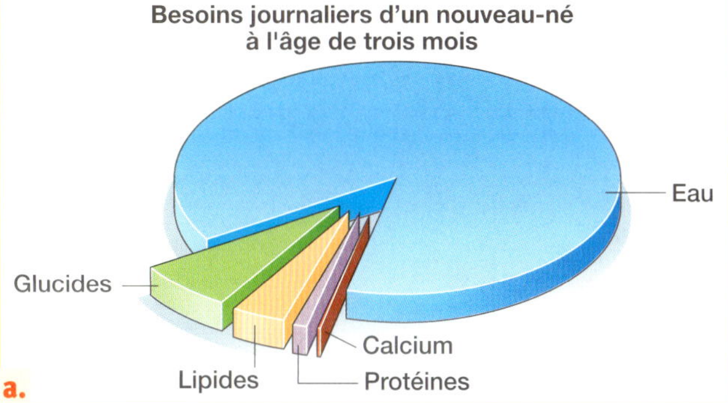

a.

Constituants	Grammes
Eau	700
Calcium	0,4
Protéines	8,5
Lipides	32
Glucides	56

a. Besoins journaliers d'un nouveau-né. À l'âge de trois mois, le nouveau-né prend 800 mL de lait par jour.

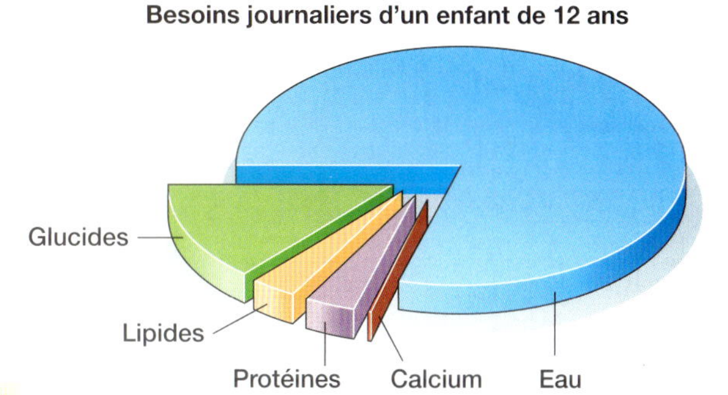

b.

Constituants	Grammes
Eau	2 000
Calcium	1,2
Protéines	93
Lipides	84
Glucides	340

b. Besoins journaliers d'un enfant de 12 ans.

12 La composition de laits vendus dans le commerce.

a.

b.

Pour 100 mL	Protéines	Lipides (graisses)	Glucides (sucres)	Calcium
Lait entier	3,2 g	3,6 g	4,7 g	0,12 g
Lait demi-écrémé	3,2 g	1,5 g	4,7 g	0,12 g
Lait écrémé	3,2 g	0,1 g	4,7 g	0,12 g

a. et **b.** Nous pouvons consommer du lait entier, demi-écrémé ou écrémé.

ACTIVITÉS

2 L'élevage des vaches laitières

Dans un élevage, une vache peut produire du lait pendant plusieurs années. Comment fait-on pour qu'une vache produise, sur une longue durée, beaucoup de lait ?

Reproduction et obtention de lait

13 Génisse n'ayant pas encore eu de veau.

Avant la naissance de son premier veau, une vache ne produit pas de lait.

14 Accouplement d'une vache et d'un taureau.

La génisse est adulte dix-huit mois après sa naissance. Elle peut alors s'accoupler avec un taureau ou être inséminée. Dans ce dernier cas, on introduit dans les organes reproducteurs de la génisse, le sperme d'un taureau sélectionné.

15 Naissance d'un veau.

Après neuf mois de gestation, la vache donne naissance à un veau qui tète sa mère deux fois par jour. Dans les élevages laitiers, le veau est séparé de sa mère quelques jours après sa naissance.

16 Mamelles d'une vache.

Après la naissance d'un veau, la vache produit du lait si elle est traite deux fois par jour. La traite reproduit la tétée du veau et stimule la production de lait.

QUESTIONS

S'INFORMER ET COMMUNIQUER

① **Doc. 13 à 16**
Comparer les mamelles des vaches des documents 13 et 16.

② **Doc. 13 à 16**
Indiquer les conditions nécessaires pour qu'une vache produise du lait.

S'INFORMER ET RAISONNER

③ **Doc. 17**
Expliquer l'intérêt, pour la production de lait, de l'accouplement d'une vache trois mois après la naissance de son veau.

④ **Doc. 18, 19**
Indiquer à partir de quoi la vache produit son lait. La vache est-elle un producteur primaire ?

MOTS-CLÉS

- **Reproduction**
- **Gestation**
- **Allaitement**
- **Production de lait**

La vache laitière, un producteur efficace d'aliments

17 La production de lait au cours de la vie d'une vache.

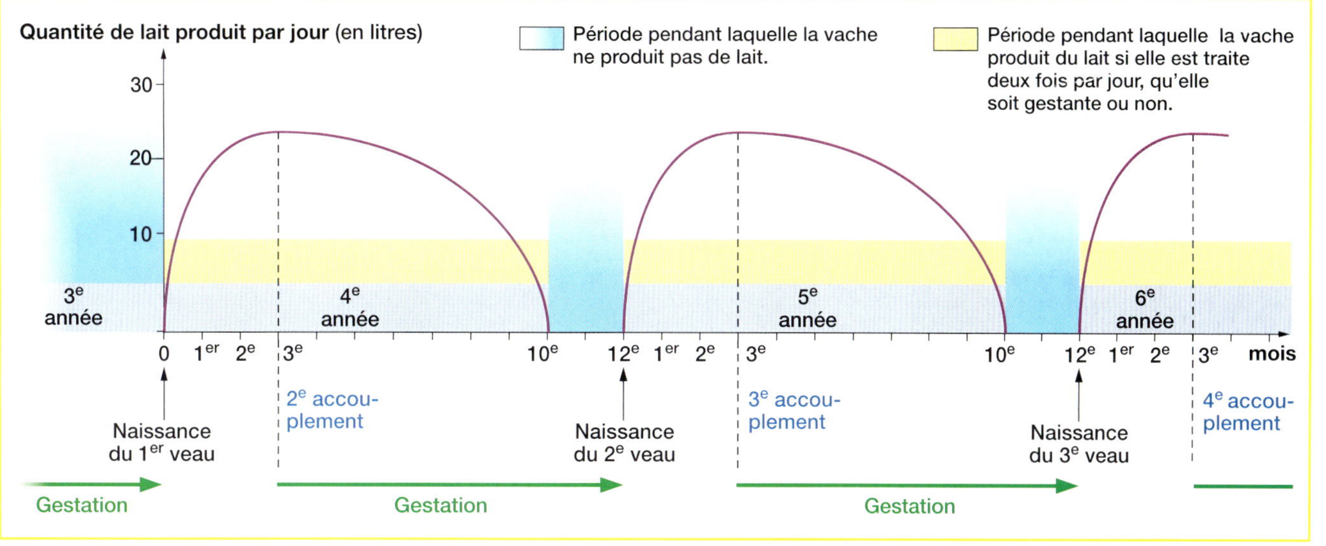

Trois mois après la mise bas (naissance du veau), la vache peut de nouveau s'accoupler ou être inséminée. Elle a ainsi un veau tous les ans pendant cinq ou six ans.

18 Alimentation des vaches laitières et production de lait.

a.

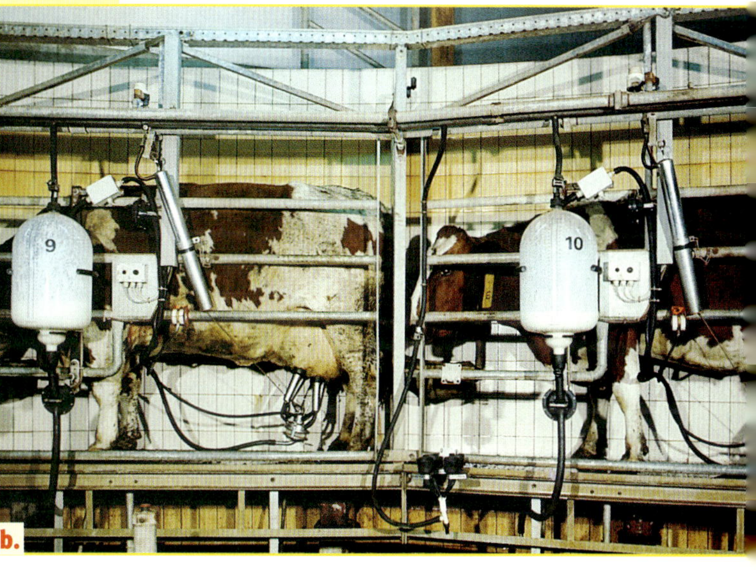

b.

a. Besoins alimentaires d'une vache laitière.
Une vache laitière consomme chaque jour 60 à 80 kilogrammes de fourrage et boit 80 à 100 litres d'eau. À la belle saison, elle vit dans les pâturages. L'hiver, elle est nourrie de foin et d'aliments préparés à partir de végétaux.

Lorsque les vaches produisent beaucoup de lait, on enrichit leur ration en protéines, en graisses végétales, en vitamines et en éléments minéraux.
b. La traite des vaches.

19 Les constituants de l'herbe et du lait.

Pour 10 kg	Lipides	Glucides	Protéines	Éléments minéraux	Eau	Calcium
D'herbe	0,036 kg	1,260 kg	0,324 kg	0,180 kg	8,200 kg	0,012 kg
De lait	0,38 kg	0,470 kg	0,320 kg	0,080 kg	8,750 kg	0,012 kg

ACTIVITÉS

3 Le yaourt, résultat d'une transformation biologique

Les yaourts sont des produits laitiers. Comment fabrique-t-on les yaourts à partir du lait ?

La fabrication du yaourt

20 Produits utilisés pour la fabrication des yaourts.

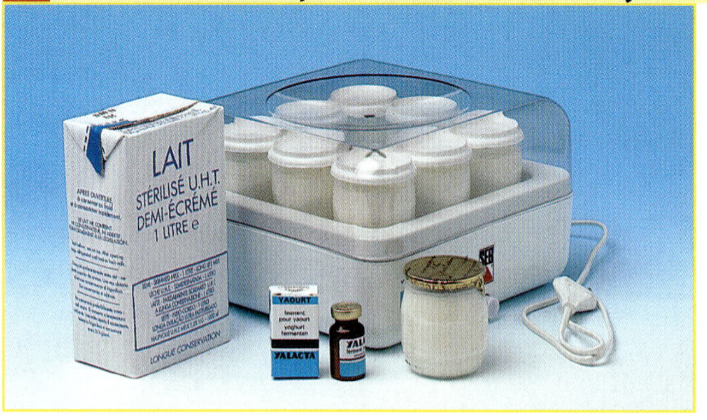

Pour fabriquer du yaourt, on mélange à du lait bouilli, ou à du lait stérilisé, un peu de ferment lactique ou un yaourt. On place le mélange pendant 6 heures à une température de 42° C.
Puis on met les yaourts au réfrigérateur. Ils sont alors prêts à être consommés.

21 Le rôle du ferment lactique.

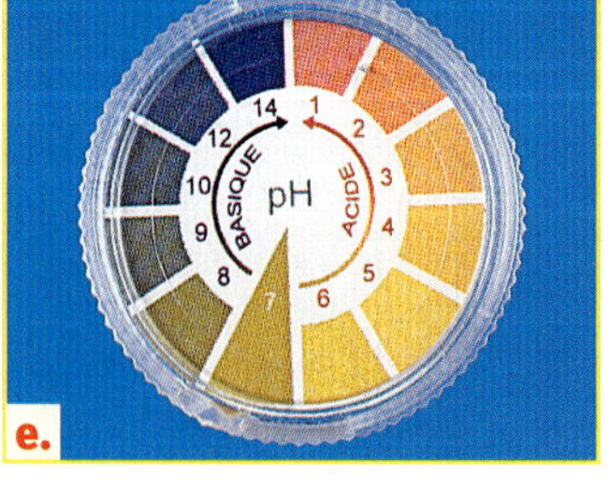

On peut suivre les modifications d'aspect et d'acidité du lait maintenu à 42°C, quand il est seul et quand il est mélangé à du ferment lactique.
a. Lait seul, au début de l'expérience.
b. Lait seul, on incline le pot après 5 heures.
c. Lait et ferment lactique, au début de l'expérience.
d. Lait et ferment lactique, on incline le pot après 5 heures.
e. L'acidité est mesurée en trempant dans le milieu une bande de papier spécial. Le milieu est d'autant plus acide que la couleur du papier correspond, sur le couvercle de la boîte, à des valeurs faibles (moins de 7).

QUESTIONS

S'INFORMER

① **Doc. 20, 21**
Quelles modifications subit le lait en présence de ferment lactique ?

RAISONNER

② **Doc. 20, 21, 22**
Expliquer pourquoi on peut fabriquer du yaourt, soit avec du lait et du ferment lactique, soit avec du lait et un peu de yaourt.

③ **Doc. 23**
Indiquer ce qui montre que la formation du yaourt est liée à l'activité des bactéries.

④ **Doc. 23**
Indiquer ce qui montre que le comportement des bactéries, au cours de la fabrication du yaourt, est caractéristique d'un être vivant.

MOTS-CLÉS

- **Ferment lactique**
- **Caillage**
- **Bactéries du yaourt**

Une transformation assurée par des micro-organismes

22 Les bactéries responsables de la fabrication du yaourt.

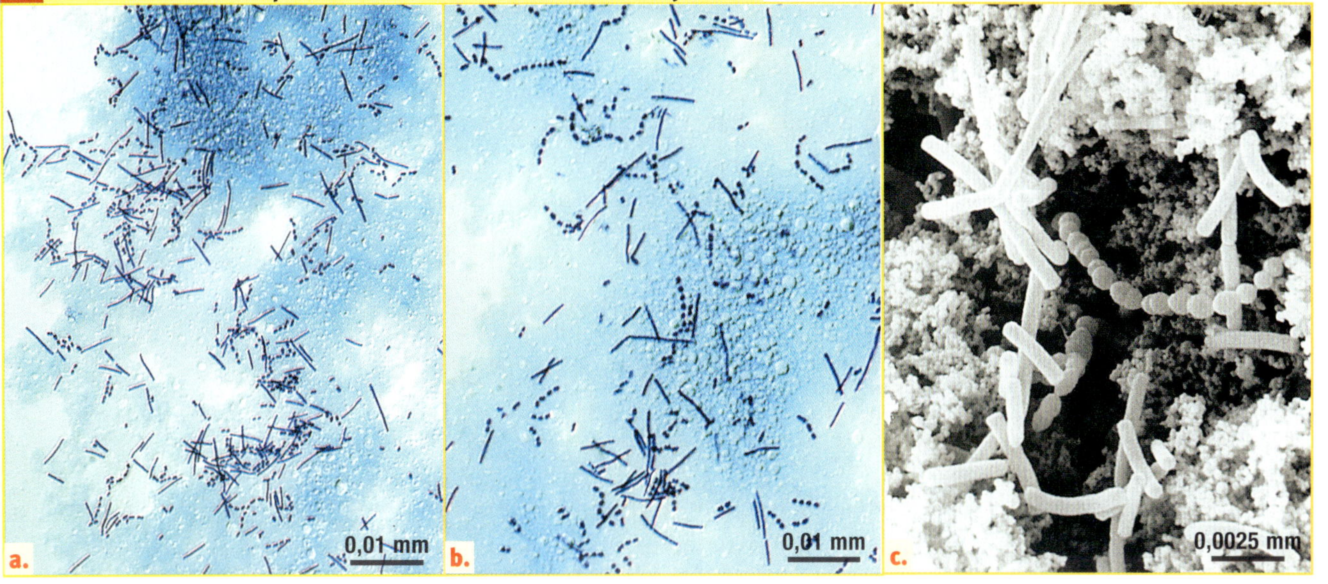

a. Observation du ferment lactique au microscope optique. Du ferment lactique est étalé sur une lame et coloré au bleu de méthylène. On observe deux sortes de bactéries particulières, des bactéries sphériques et des bactéries en bâtonnets. Les bactéries sont de très petits organismes vivants, constitués d'une seule cellule.
b. Observation au microscope optique de yaourt étalé sur une lame et coloré au bleu de méthylène.
c. Observation au microscope électronique à balayage (MEB) des bactéries à l'intérieur d'un yaourt.

23 Comportement des bactéries au cours de la formation du yaourt.

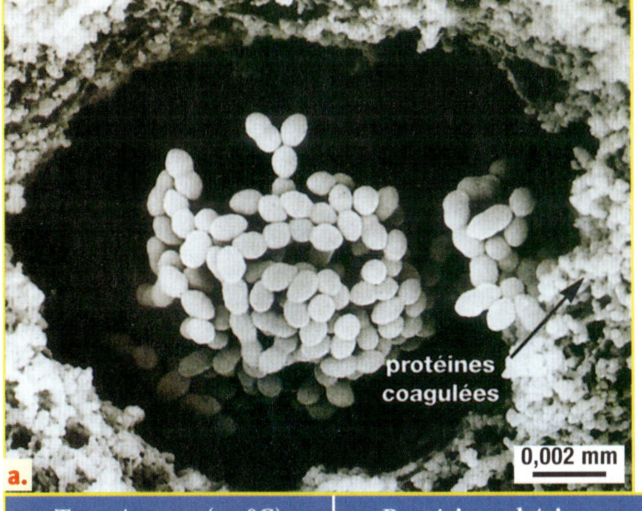

a. Observation au microscope électronique à balayage (MEB) du comportement de bactéries au cours de la formation du yaourt.
Au cours de la fermentation, les bactéries sphériques se sont nourries du lait caillé, dans lequel elles ont creusé une cavité. Les protéines du lait ont coagulé au voisinage des bactéries.
b. Multiplication des bactéries et formation du yaourt.
Le tableau indique pour différentes conditions de température, le nombre de bactéries contenues dans 1 mL de lait ou de yaourt, quatre heures après que le lait fut ensemencé par une même quantité de ferment lactique contenant environ 30 millions de bactéries sphériques et 10 millions de bactéries en bâtonnets.

Température (en °C)	Bactéries sphériques (en million)	Bactéries en bâtonnets (en million)	Modification de l'aspect du lait
30	834	66	Le lait est un peu caillé
35	1 042	97	
40	1 105	221	Le yaourt a une consistance ferme
42	1 363	604	
45	906	636	
50	221	275	Le lait est très peu caillé

b.

ACTIVITÉS

4 La fabrication des fromages

Pour conserver les aliments du lait et diversifier son alimentation, l'Homme fabrique des fromages. Comment fait-on un fromage ?

Les étapes de la fabrication d'un fromage

24 La fabrication du Comté.

a. Dans une cuve contenant du lait tiède de vache, de race montbéliarde, on ajoute des ferments lactiques, spécifiques à la formation du Comté, et de la présure qui fait cailler le lait en 25 minutes. On laisse agir les ferments lactiques pendant 24 heures.
b. Le caillé est découpé en grains pour faciliter l'expulsion du petit-lait.
c. Le caillé est brassé et chauffé pendant une heure à 53 °C.
d. Le caillé est sorti à l'aide d'une poche en toile, de manière à le séparer du petit-lait.
e. Le caillé est mis dans un moule que l'on presse fortement, pendant 20 heures, pour évacuer totalement le petit-lait.
f. Les fromages sont démoulés et salés puis installés dans une cave d'affinage. Pendant 5 à 12 mois les fromages vont s'affiner grâce à la présence de micro-organismes particuliers. Il faut plus de 10 kilogrammes de lait pour faire un kilogramme de fromage.

QUESTIONS

S'INFORMER ET RAISONNER

① **Doc. 24, 25**
Indiquer les étapes communes à la fabrication du Comté et du Roquefort.

② **Doc. 24, 25, 26**
Quelles sont les différences dans la fabrication de ces deux fromages qui expliquent leur aspect et leur goût très différents ?

MOTS-CLÉS

- **Lait caillé**
- **Affinage**
- **Micro-organismes**
- **Moisissures**
- **Bactéries**

Des fromages tous différents

25 La fabrication du Roquefort.

a.

b.

c.

d.

e.

f.

a. Dans une cuve contenant du lait de brebis, on ajoute de la présure qui fait cailler le lait, et des micro-organismes propres à la fabrication du Roquefort.
b. Le caillé est découpé.
c. Le caillé est moulé dans des faisselles.
d. Les fromages sont salés.
e. Les fromages sont affinés en cave.
f. On ralentit le développement des moisissures en empêchant l'air de pénétrer dans les fromages. C'est la raison pour laquelle ils sont entourés de papier métallisé.

26 La moisissure des fromages « bleus ».

a.

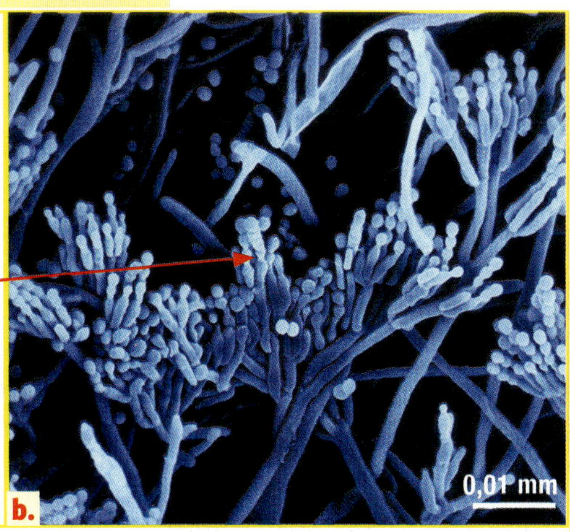

b.

a. Le fromage de Roquefort.
Le lait de Brebis est ensemencé de micro-organismes (une moisissure) qui permet l'affinage du fromage.

b. Micro-organismes (moisissure) à l'intérieur du Roquefort.
c. Le rôle des micro-organismes au cours de l'affinage.

L'élaboration des fromages dépend beaucoup de l'activité des micro-organismes. Si les bactéries contenues dans le ferment lactique agissent surtout en début de fabrication, d'autres micro-organismes n'interviennent que dans la phase de maturation. Cette « flore d'affinage » se compose de moisissures, de levures et de bactéries. C'est elle qui donne à chaque fromage son aspect, son goût et son odeur.

c.

NOTIONS ESSENTIELLES

De l'élevage à la fabrication des fromages

ACTIVITÉS 1

Le lait, un aliment complet

BILAN DES ACTIVITÉS

Le lait de vache maternisé suffit à assurer la croissance du bébé pendant les premiers mois. En raison de sa richesse en protéines, lipides, glucides (sucres rapides) et calcium, le lait est aussi très recommandé pendant l'enfance et l'adolescence.

À RETENIR **L'Homme élève des vaches laitières parce que leur lait est très nourrissant. Il suffit à la croissance des jeunes enfants et contient la plupart des substances dont nous avons besoin.**

ACTIVITÉS 2

L'élevage des vaches laitières

BILAN DES ACTIVITÉS

Une vache ne produit du lait qu'après la naissance de son veau et cela pendant 10 mois si elle est traite deux fois par jour. La vache est un producteur secondaire qui fabrique son lait à partir de l'eau qu'elle boit et des aliments qu'elle mange.

À RETENIR **La reproduction des vaches laitières est indispensable à la production de lait. L'Homme entretient cette production de lait par une traite régulière, une alimentation adaptée et par des naissances de veaux annuelles.**

ACTIVITÉS 3

Le yaourt, résultat d'une transformation biologique

BILAN DES ACTIVITÉS

Le yaourt résulte de la transformation du lait par des bactéries, organismes unicellulaires. Les bactéries se multiplient au cours de la fabrication du yaourt. Elles rendent le lait acide, ce qui le fait cailler : il s'agit d'une transformation biologique.

À RETENIR **L'Homme utilise des micro-organismes vivants pour fabriquer des yaourts. Les bactéries du ferment lactique transforment le lait par fermentation.**

ACTIVITÉS 4

La fabrication des fromages

BILAN DES ACTIVITÉS

Les fromages sont fabriqués à partir de lait caillé. Le caillé est ensuite pressé et moulé. Il peut parfois être chauffé.

Le goût et la consistance d'un fromage sont dus à la nature du lait et à l'activité de micro-organismes particuliers au cours de son affinage.

À RETENIR **Les fromages sont les produits d'une transformation biologique. Ils sont différents par l'origine du lait (vache, brebis, chèvre) et la nature des micro-organismes qui transforment les constituants du caillé au début de la fabrication et/ou au cours de l'affinage.**

SCHÉMA BILAN

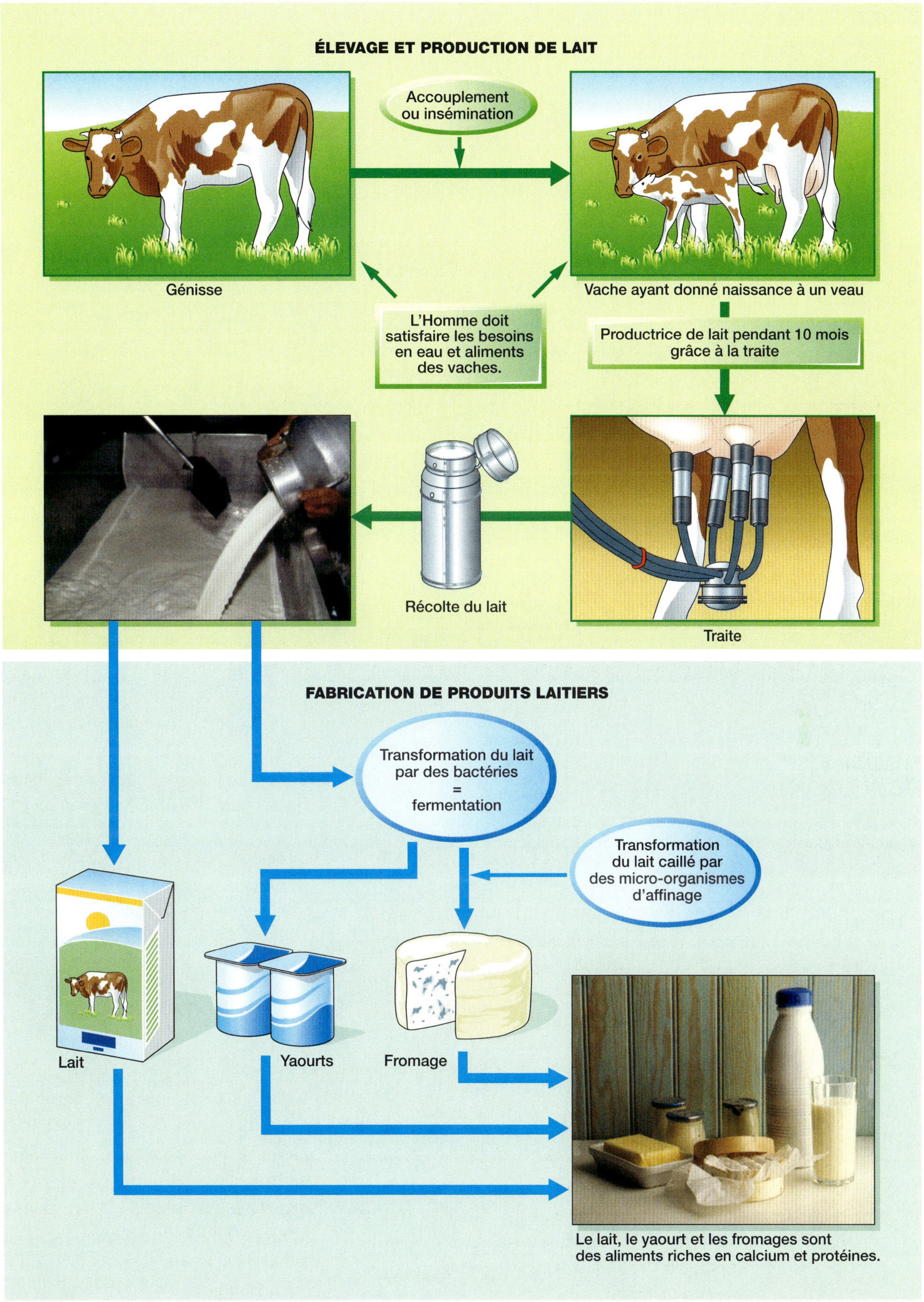

EXERCICES

Évaluer ses connaissances

1 Vrai ou faux ?

Indiquer quelles sont les phrases exactes et corriger celles qui sont fausses.

a. Le lait contient toutes les substances nécessaires à l'alimentation du nouveau-né.

b. Une vache bien nourrie produit toujours du lait.

c. Le goût d'un fromage ne dépend que de la qualité du lait avec lequel il a été fabriqué.

d. Après la naissance d'un veau, une vache laitière produit du lait pendant plusieurs années à condition de la traire tous les jours.

2 Des explications brèves

Expliquer pourquoi…

a. … le lait caille en présence de ferment lactique.

b. … tous les fromages n'ont pas le même goût.

c. … on dit que le yaourt est le résultat d'une transformation biologique.

d. … une vache laitière doit boire beaucoup d'eau.

3 Croisons les mots

Horizontalement

a. Désigne la transformation du lait par des micro-organismes en yaourt.

b. Produit de l'élevage et matière première des fromages.

c. Produit séparé du petit-lait au cours de la fabrication d'un fromage.

Verticalement

1. Ils sont fabriqués à partir du caillé du lait et ils sont affinés.

2. Micro-organisme qui vit dans le yaourt.

3. Mâle reproducteur de l'espèce bovine.

Évaluer ses compétences

4 Production de lait

Le tableau ci-dessous indique les performances de deux vaches laitières de races différentes, élevées dans les mêmes conditions, au printemps.

Vache laitière	Normande	Pie-Noire
Litres de lait/jour	16,6	19,8
Teneur en protéines du lait, en g/L	35,8	33,5
Teneur en calcium du lait, en g/L	1,4	1,3

1. I Quelle est la vache qui donne la plus grande quantité de lait ?

2. I Quelle est la vache qui donne le lait le plus nourrissant ?

5 Le lait fermenté au « bifidus actif »

Certains produits laitiers ressemblent aux yaourts, mais ont un goût légèrement différent. Une autre espèce de bactérie nommée « bifidus actif », absente des yaourts, intervient dans la fermentation du lait.

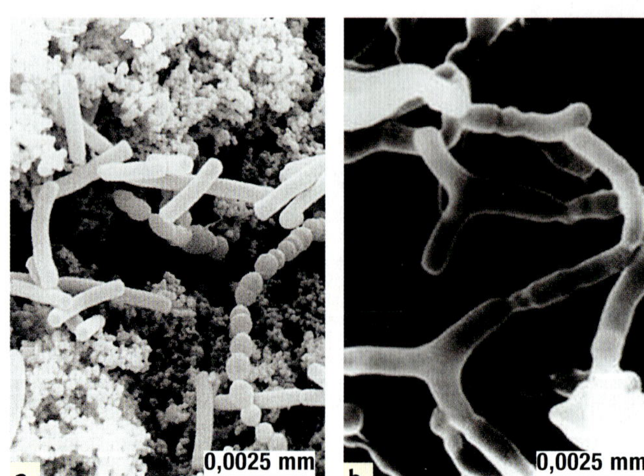

a. Bactéries d'un yaourt ordinaire.
b. Bactéries d'un lait fermenté au bifidus actif.

1. I Comparer les bactéries d'un lait fermenté au bifidus actif avec celles d'un yaourt ordinaire.

2. Ra Proposer une explication au goût légèrement différent du lait fermenté au bifidus actif par rapport à celui d'un yaourt ordinaire.

6 Les constituants du yaourt et du Comté

Le Comté est un fromage fabriqué, comme le yaourt, à partir de lait de vache. Dans les yaourts, le petit-lait n'est pas séparé du caillé. Le fromage étant fabriqué seulement à partir du caillé, il faut environ un kilogramme de lait pour faire 100 grammes de Comté.

Pour 100 g de	Yaourt	Comté
Eau et éléments minéraux	87,3 g	38,6 g
Protéines	4 g	28 g
Lipides	3,5 g	32 g
Glucides	5 g	0,5 g
Calcium	0,2 g	0,9 g

Composition du yaourt au lait entier et du Comté.

1. I Quel est le produit laitier qui contient le plus de calcium ?

2. I Ra Expliquer pourquoi le Comté ne contient pas autant d'eau et de glucides que le yaourt.

3. I Ra Expliquer pourquoi le yaourt ne contient pas autant de protéines et de lipides que le Comté.

7 L'élevage des chèvres

Dans les conditions naturelles, la période d'accouplement des chèvres va du début du mois d'octobre au début de janvier. La chèvre donne naissance à un ou deux chevreaux 5 mois après s'être accouplée avec un bouc (doc. **a.**). La période de lactation (doc. **b.**) d'une chèvre dure 10 mois mais la production de lait diminue nettement au bout de 6 mois.

a. Accouplement d'une chèvre et d'un bouc.

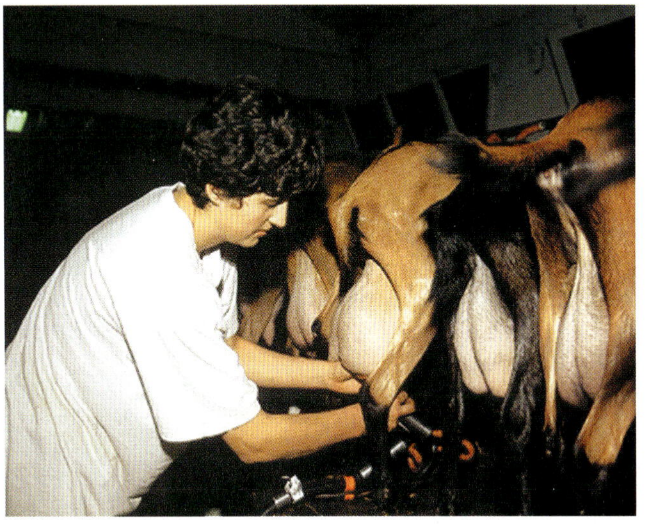

b. La traite des chèvres.

1. I C Sur un axe horizontal gradué, noter les mois de l'année et indiquer la période où les chèvres commencent à produire du lait et la période où la production de lait par le troupeau est la plus basse.

On peut modifier la période d'accouplement des chèvres en agissant sur l'éclairement (doc. **c.**) et conduire les chèvres à s'accoupler durant le mois d'avril. On peut ainsi changer la période de l'année où la production de lait est abondante.

c. Éclairement artificiel d'une partie du troupeau de chèvres pendant les mois d'hiver pour provoquer un accouplement durant le mois d'avril.

2. I Ra À quel moment naissent les chevreaux dans les conditions artificielles ?

3. I Ra Expliquer pourquoi l'éclairement artificiel d'une partie du troupeau de chèvres en hiver permet de fabriquer toute l'année du fromage de chèvre.

8 Fromages blancs

Sur un pot de fromage blanc en faisselle, acheté au supermarché, on peut lire les informations suivantes.

Fromage blanc de campagne en cours d'égouttage. Il vous est présenté dans une faisselle d'origine pour vous permettre de l'égoutter avant consommation.
Composition :
fromage blanc et petit-lait d'égouttage.
Ingrédients : lait entier, ferments lactiques, présure.
Contient plus de 85 % d'humidité.
Valeurs nutritionnelles pour 100 g :
protéines : 4,3 g ; glucides (sucres) : 3,7 g ; lipides (matières grasses) : 6,2 g.

a. Fromage blanc en faisselle n° 1.

Sur un autre pot de fromage en faisselle, on lit les informations suivantes.

Fromage frais en cours d'égouttage.
Ingrédients : lait écrémé, ferments lactiques, présure.
Contient plus de 85 % d'humidité.
Valeurs nutritionnelles pour 100 g :
protéines : 5,2 g ; glucides : 4,2 g ; lipides : 0,3 g.

b. Fromage blanc en faisselle n° 2.

1. Ra Quel est le rôle des ferments lactiques dans la fabrication des fromages en faisselle ?

2. Ra Qu'est-ce que le petit-lait d'égouttage ?

3. I Ra Comment expliquer la différence en matières grasses de ces deux fromages blancs en faisselle ?

Sur un pot de 100 grammes de fromage blanc velouté, on lit : ce produit contient 82 grammes d'eau soit un taux de matière sèche d'environ 18 grammes. Le taux de matières grasses dans la matière sèche de ce fromage blanc est de 40 %.

c. Fromage blanc velouté.

4. I Ra Calculer la masse de matières grasses présentes dans 100 grammes de ce fromage blanc velouté. Comment expliquer la valeur élevée sachant qu'il est indiqué comme ingrédients : lait écrémé, crème et ferments lactiques ?

9 Les conditions d'élevage des poulets

L'amélioration de la production animale peut être quantitative. On cherche alors à obtenir une plus grande quantité de viande produite pour une même quantité d'aliments fournie aux animaux. Elle peut être qualitative, lorsque l'on cherche à produire une viande de meilleure qualité. Les conditions d'élevage des poulets sont différentes selon les objectifs recherchés.

a. Poulets élevés en batterie : poulets « standards ».

b. Poulets élevés en plein air : poulets « fermiers ».

	Poulet « standard »	Poulet « fermier »
Nombre de poulets au mètre carré	19	11
Âge des poulets à l'abattage	45 jours	85 jours
Masse d'aliments consommés par poulet	Été : 4 kg Hiver : 4 kg	Été : 6 kg Hiver : 7 kg
Qualité des aliments consommés	Riches en lipides	Riches en protéines

c. Conditions d'élevage de poulets « standards » et de poulets « fermiers ». À la vente, le prix du poulet « fermier » est plus élevé que celui du poulet « standard ».

1. I Ra Expliquer pourquoi le goût et la fermeté de la chair des poulets « fermiers » sont différents de ceux des poulets « standards ».

2. Ra C Dans quelles conditions d'élevage les animaux sont-ils le mieux respectés ?

3. I Ra Comment peut-on justifier le prix plus élevé du poulet « fermier » ?

Fabriquer des yaourts

On peut faire des yaourts avec du lait de vache, du lait de brebis ou du lait de chèvre. On utilisera un yaourt du commerce qui fournira les ferments lactiques.

1 Les ingrédients pour faire 4 yaourts

- Un yaourt nature du commerce
- Un demi-litre de lait UHT
- Quatre pots à yaourt en verre
- Une yaourtière
- Un saladier
- Un fouet

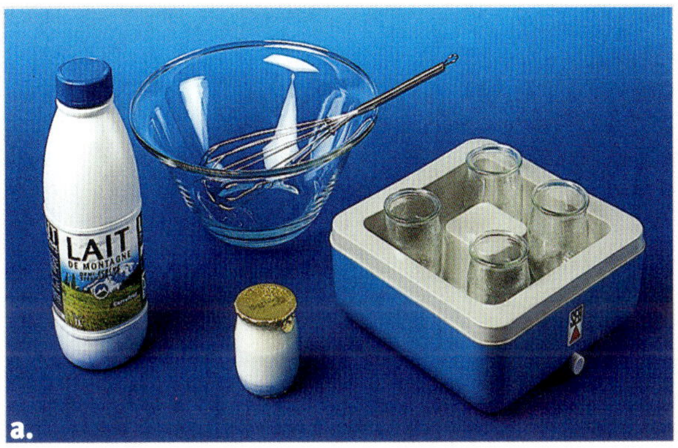

a. Les éléments nécessaires pour fabriquer des yaourts.

b. Ensemencement du lait avec les bactéries du yaourt.

2 Les conseils à suivre

- Bien mélanger le yaourt et le lait dans le saladier.
- Remplir les pots avec le mélange de lait et de yaourt.
- Placer les pots ouverts dans la yaourtière et fermer son couvercle.
- Au bout de 6 heures environ, la consistance des yaourts est la même que celle des yaourts du commerce.
- Mettre les yaourts au réfrigérateur pour les conserver. Ils sont prêts à être consommés.

c. Yaourts fabriqués à l'aide d'une yaourtière.
d. Le yaourt peut être consommé.

Gourmandise !

- **Rien n'empêche d'ajouter au mélange de lait et de yaourt, un peu de confiture, ou de chocolat en poudre, ou de sirop de menthe, ou de jus d'orange… à condition de bien mélanger les ingrédients avant de remplir les pots.**

PARTIE

PROGRAMME

- **Les êtres vivants sont très divers.**
Une même espèce regroupe, sous le même nom, des êtres vivants qui se ressemblent et peuvent se reproduire entre eux.
- **Les êtres vivants diffèrent par un certain nombre de critères qui permettent de les classer.**
Des critères définis par les scientifiques permettent de situer des êtres vivants d'espèces différentes dans la classification actuelle.
Les êtres vivants sont classés en groupes emboîtés définis uniquement à partir des critères qu'ils possèdent en commun.
- **Tous les êtres vivants sont constitués de cellules.**
Certains sont constitués d'une seule cellule, d'autres sont formés d'un nombre souvent très important de cellules : la cellule est l'unité des êtres vivants.
La cellule possède un noyau, une membrane, du cytoplasme.

CHAPITRES

5

Diversité, parentés et unité des êtres vivants

PARTIE 5

Diversité, parentés et unité des êtres vivants

11 Unité du vivant et notion d'espèce

12 Classer les êtres vivants

Unité du vivant et notion d'espèce

11

La terre est peuplée de nombreux êtres vivants qui appartiennent à des groupes et à des espèces différentes. Malgré tout, une unité du monde vivant peut être dégagée.

OBSERVER
S'INTERROGER

Des caractères qui traduisent des ressemblances et des différences

1 Un aquarium d'eau douce.

Plusieurs espèces de poissons (des scalaires, des guppy, des platty...) et plusieurs espèces végétales (myriophylle, élodée...) vivent ensemble dans cet aquarium.

2 Une grande diversité d'êtres vivants dans l'aquarium.

a. Triton palmé.
b. Aselle aquatique.
c. Gammare pulex (crevette d'eau douce).
d. Limnée auriculaire.
e. Anodonte cygnée.

Découvrir de nouveaux caractères grâce au microscope

3 Observer à l'aide d'un microscope optique.

Pour être observé au microscope, l'objet doit être traversé par la lumière. Sa préparation doit donc être très mince. Le déposer sur une lame dans une goutte d'eau ou un liquide coloré puis le recouvrir d'une lamelle, en évitant d'emprisonner des bulles d'air.

a. Réalisation d'une préparation microscopique d'une plante aquatique : l'élodée.
b. Le microscope permet d'observer ce qu'on ne peut pas voir à l'œil nu. C'est un instrument indispensable pour découvrir certains êtres vivants et préciser l'organisation des plantes et des animaux.

S'INTERROGER

- *Sur ce que l'on appelle une espèce.*
- *Sur les points communs entre tous les êtres vivants.*

ACTIVITÉS

1 La notion d'espèce

Pour constituer un aquarium, de nombreuses espèces de poissons et de plantes sont disponibles à la vente. Qu'appelle-t-on une espèce ?

QUESTIONS

S'INFORMER

① **Doc. 4, 5**

Comparer les deux couples de poissons, c'est-à-dire préciser leurs points communs et leurs différences.

S'INFORMER ET RAISONNER

② **Doc. 6**

Quel est le critère important pour définir la notion d'espèce qui est mis en évidence ?

③ **Doc. 4, 5, 6**

Si l'on met dans un même aquarium un cichlidé mâle et une femelle guppy, pourront-ils se reproduire entre eux ? Justifier la réponse.

④ **Doc. 8**

Pourquoi le goéland brun et le goéland argenté appartiennent-ils à deux espèces ?

⑤ **Doc. 7, 8**

Expliquer comment une nouvelle espèce d'animal peut apparaître, et comment une espèce peut disparaître.

MOTS-CLÉS

- **Espèce**

Des espèces différentes

4 Couple de cichlidés et leurs petits.

Le cichlidé de l'espèce *Cichlasoma meeki* vit dans les eaux douces du Guatemala (pays tropical d'Amérique centrale). Il s'élève facilement en aquarium dans une eau douce de 20 °C à 30 °C. La femelle pond ses œufs sur les plantes et le mâle les féconde. Au bout de trois jours, un alevin sort de chaque œuf.

5 Couple de guppy et un de leurs petits.

a.

b.

a. Couple de guppy. Le guppy de l'espèce *Poecillia reticulata* est un poisson d'eau douce, d'origine tropicale. Il s'élève facilement en aquarium. Il supporte des températures de 21 °C à 26 °C. Le guppy mâle (3 cm) est plus petit et plus coloré que la femelle (6 cm). Après accouplement, la femelle accouche de nombreux alevins.
b. Femelle guppy et un alevin.

Qu'est-ce qu'une espèce ?

6 Un critère important pour déterminer l'espèce.

Le cheval et la jument font partie de la même espèce car ils peuvent se reproduire entre eux, et les poulains issus de cette reproduction pourront à leur tour se reproduire quand ils seront devenus adultes.
Le tigre et la lionne font partie d'espèces différentes. Le tigre est capable de s'accoupler avec une lionne, mais leurs petits, appelés tigrons, sont stériles, c'est-à-dire qu'ils ne pourront pas se reproduire, même quand ils seront devenus adultes. De même, les ligrons, issus de l'accouplement d'une tigresse et d'un lion, seront stériles.
La chèvre et le mouton font partie de deux espèces différentes ; ils ne peuvent pas se reproduire entre eux.

7 Des espèces disparaissent.

Le dodo était un gros oiseau (environ 12kg) qui vivait sur les îles de l'océan Indien comme l'île Maurice. Ne pouvant ni voler ni courir très vite, il servit de nourriture aux Hommes qui le capturaient facilement. Les derniers spécimens vivants ont été observés en 1662.

8 De nouvelles espèces apparaissent.

a.

b.

Le goéland brun est apparu à partir d'une autre espèce, le goéland argenté. Deux populations de goélands argentés ont été séparées pendant plusieurs dizaines de milliers d'années. Pendant ce temps, des différences sont apparues entre ces deux populations, et quand elles ont été à nouveau réunies, leur reproduction était devenue impossible.
a. Goéland argenté.
b. Goéland brun.

ACTIVITÉS

2 La cellule: unité de structure des êtres vivants

Les scientifiques affirment que tous les êtres vivants présentent une unité dans leur organisation. Quelle est cette unité ?

Des êtres vivants très simples

9 Des organismes constitués d'une seule cellule.

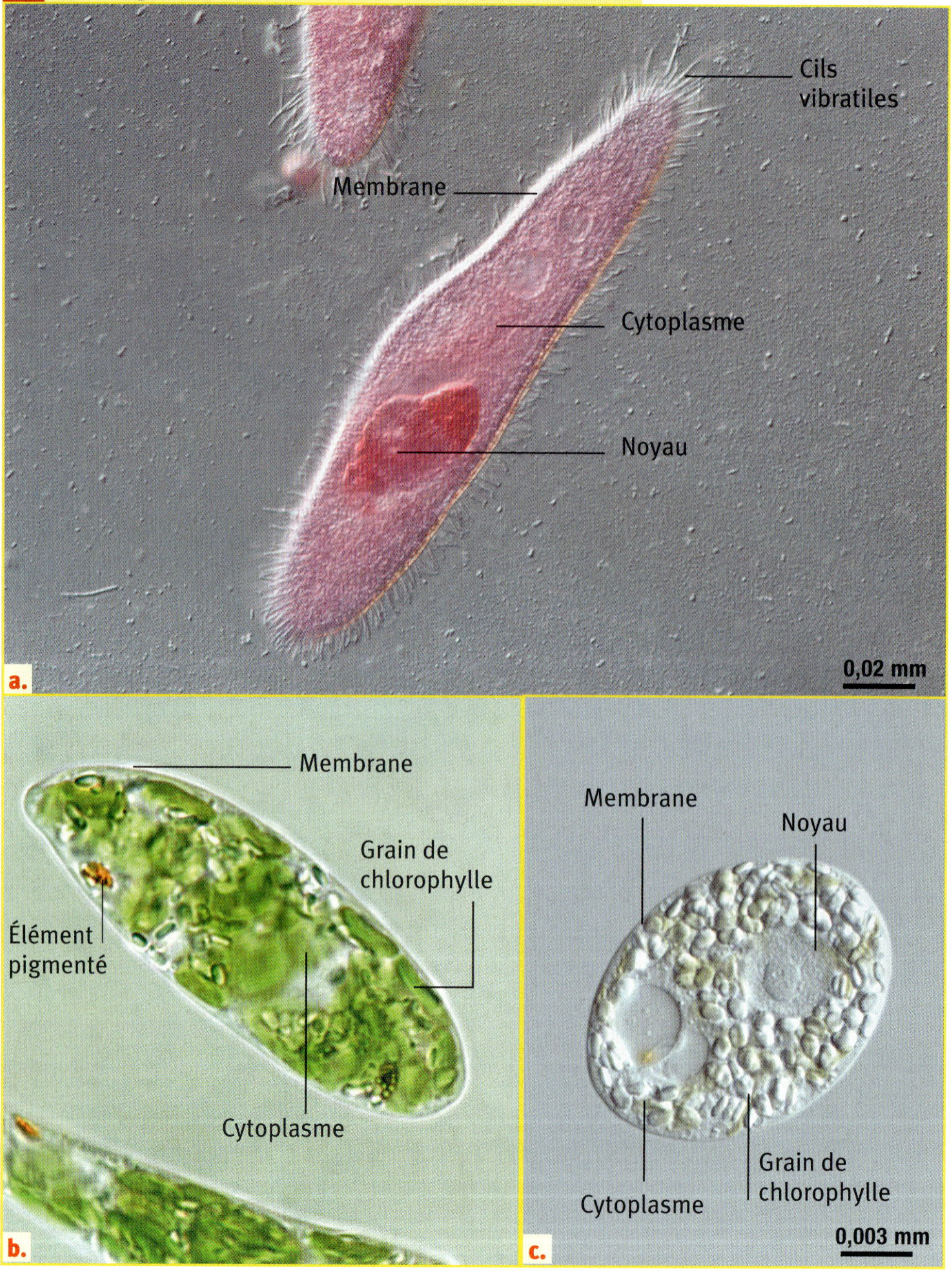

Ces organismes vivent dans l'eau douce des mares et des rivières.
a. Paramécie colorée en rose et observée au microscope optique. La paramécie est un micro-organisme animal qui se déplace grâce à des cils vibratiles.
b. Euglènes observées au microscope optique. L'euglène est un micro-organisme végétal. À la lumière, l'euglène est riche en chlorophylle et, souvent, le noyau est masqué par les grains de chlorophylle.
c. Placée à l'obscurité, l'euglène devient pauvre en chlorophylle, ce qui permet d'observer le noyau.

QUESTIONS

S'INFORMER ET RAISONNER

① **Doc. 9, 10, 11**
Parmi les êtres vivants présentés, quels sont ceux qui sont des unicellulaires et ceux qui sont des pluricellulaires. Justifier la réponse.

② **Doc. 9, 10, 11**
Quel est le point commun dans l'organisation de tous les êtres vivants ?

③ **Doc. 9, 10, 11**
Les scientifiques affirment que tous les êtres vivants ont une même origine et qu'ils sont donc tous parents. Quel argument trouve-t-on ici en faveur de cette affirmation. Justifier la réponse.

④ **Doc. 9, 10, 11**
Quels sont les éléments communs à toutes les cellules ?

MOTS CLÉS

- **Cellule**
- **Unicellulaire**
- **Pluricellulaire**

Des êtres vivants plus complexes

10 La peau de la grenouille est constituée de nombreuses cellules.

a. Grenouille verte : à l'œil nu, on ne peut pas observer les éléments de la peau.

b. Cellules d'une mue de grenouille colorées et observées au microscope optique. La mue est la partie superficielle de la peau qui se détache régulièrement.

11 La feuille d'Élodée est constituée de nombreuses cellules.

a. L'élodée est une plante aquatique d'eau douce. À l'œil nu, on ne peut pas observer les éléments constituant la feuille.

b. Feuille d'élodée observée au faible grossissement du microscope optique.

c. Cellules d'une feuille d'élodée observées au microscope optique. Chaque cellule contient des grains de chlorophylle.

ACTIVITÉS

3 Histoire de la découverte des cellules

Les scientifiques admettent tous, aujourd'hui, la théorie cellulaire. Que dit cette théorie et comment est-elle née ?

Les idées actuelles

12 Des observations microscopiques chez la grenouille.

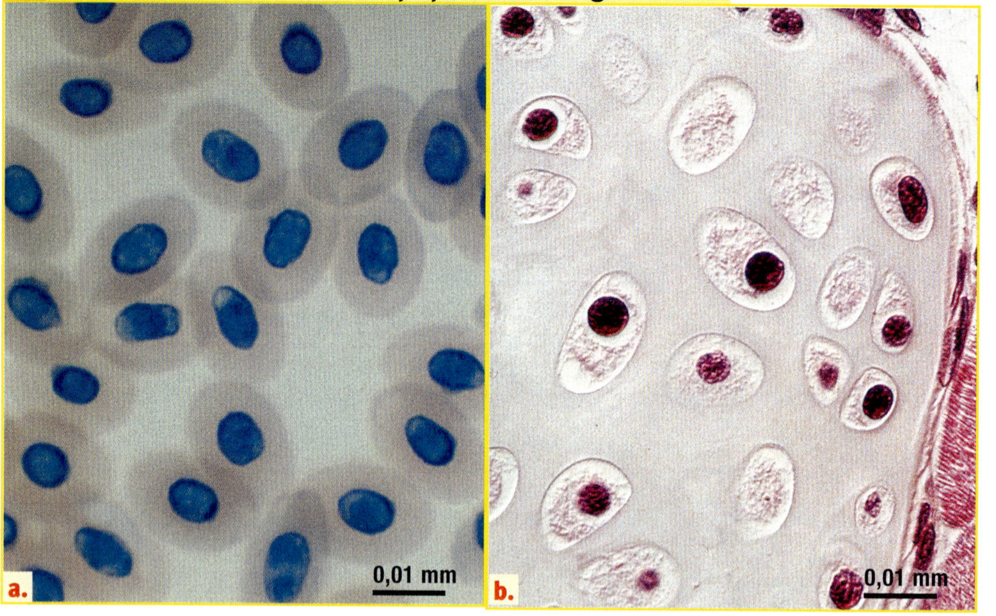

a. Cellules de sang de grenouille observées au microscope optique.
b. Cellules de cartilage de grenouille observées au microscope optique. Le cartilage est une matière recouvrant les extrémités des os longs.

13 Les premières étapes du développement d'un œuf de grenouille.

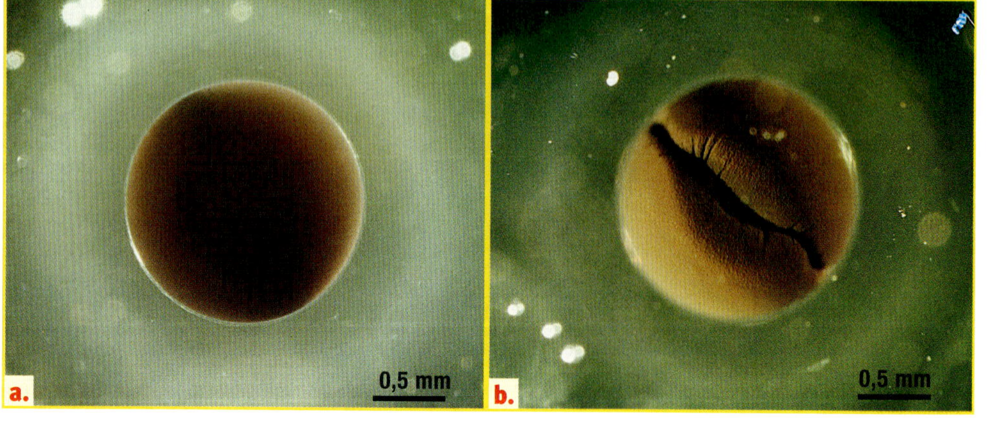

La grenouille se forme à partir d'une « cellule-œuf ».
a. L'œuf : une seule cellule, appelé cellule-œuf.
b. Embryon issu de la cellule-œuf deux heures plus tard.

14 Deux principes fondamentaux de la théorie cellulaire.

Tout être vivant est constitué de cellules.
Toute cellule provient de la division d'une autre cellule.

QUESTIONS

S'INFORMER

① **Doc. 12, 14**
Quel principe est illustré par le document 12 ?

② **Doc. 13, 14**
Quel principe est illustré par le document 13 ?

③ **Doc. 15, 16**
Qu'est-ce qui a permis la découverte des cellules ?

S'INFORMER ET RAISONNER

④ **Doc. 15, 16**
Quel élément des cellules, visible sur les observations de M. Schleiden et T. Schwann, n'a pas été observé par R. Hooke.

⑤ **Doc. 16, 17**
Quelles sont les idées importantes exprimées par T. Schwann et Claude Bernard ?

MOTS-CLÉS

- **Cellule**
- **Unité de construction**
- **Unité de vie**

Une progression des observations et des idées

15 En 1665, R. Hooke est le premier à utiliser le terme de « cellules ».

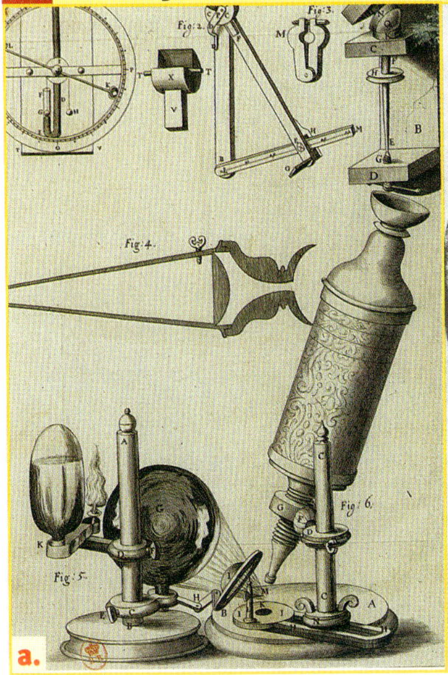
a.

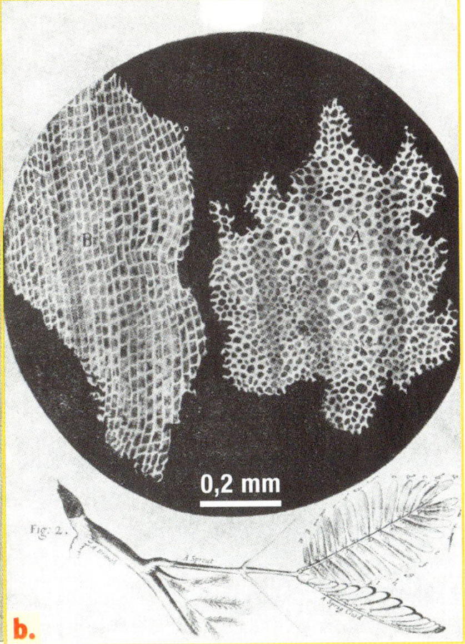

b.

Les premiers microscopes sont mis au point vers 1600. Avec un de ces microscopes, peu perfectionnés, R. Hooke observe, en 1665, une coupe de liège. Il donne le nom de « cellules » aux cases qu'il voit car elles lui rappellent les cellules des moines dans les monastères. En fait le liège est composé de cellules mortes.

a. Microscope utilisé par R. Hooke en 1665.

b. Dessin de R. Hooke en 1665, représentant l'observation microscopique d'une coupe de liège.

16 La notion de cellule n'est établie que deux cents ans plus tard.

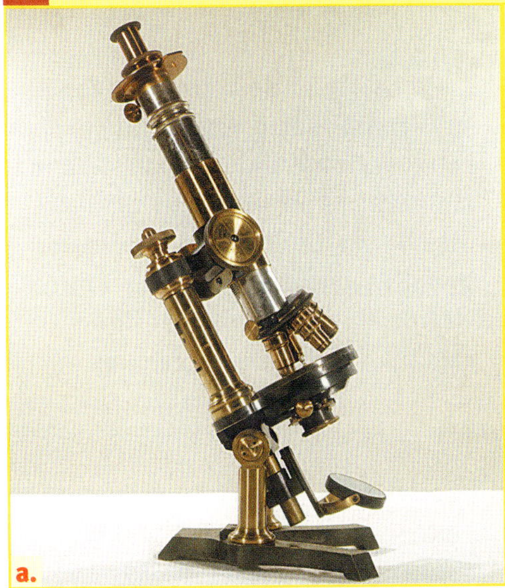
a.

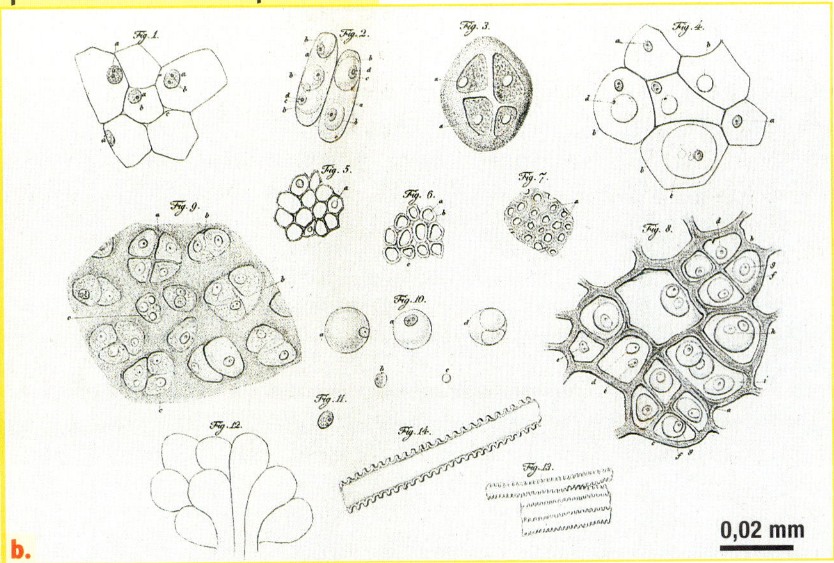

b.

En utilisant des microscopes mis au point vers 1830, Mathias Schleiden observe la structure d'organes végétaux et Theodor Schwann la structure d'organes animaux. Réunissant leurs observations, ils arrivent à l'idée que tous les organes des êtres vivants sont constitués de cellules ayant chacune un noyau. Allant au-delà de ces observations, T. Schwann écrit, en 1839, « Il y a un principe de développement commun aux organismes animaux et végétaux et ce principe est la formation de cellules. ».

a. Microscope utilisé au XIX siècle (1876).

b. Observations microscopiques réalisées, en 1839, par M. Schleiden et T. Schwann.

17 La conception de l'organisme vivant selon Claude Bernard en 1878.

« L'organisme vivant est une association de cellules groupées en tissus, organes, appareils [...].
En résumé, la vie réside dans chaque cellule, [...] qui fonctionne pour son propre compte. Elle n'est centralisée nulle part, dans aucun organe, appareil du corps. Tous ces appareils sont construits en vue de la vie cellulaire. »

Extrait de *Leçons sur les phénomènes communs aux animaux et végétaux*, Claude Bernard, 1878.

NOTIONS ESSENTIELLES

Unité du vivant et notion d'espèce

ACTIVITÉS 1

La notion d'espèce

BILAN DES ACTIVITÉS

Des poissons d'espèces différentes ne se ressemblent pas et ne peuvent pas se reproduire entre eux. Le goéland brun est une espèce apparue à partir d'une autre espèce, le goéland argenté. L'Homme a fait disparaître certaines espèces comme le dodo.

À RETENIR **Une espèce regroupe des êtres vivants qui se ressemblent et qui peuvent se reproduire entre eux. Une espèce peut apparaître par transformation d'une espèce déjà existante. Une espèce peut aussi disparaître.**

ACTIVITÉS 2

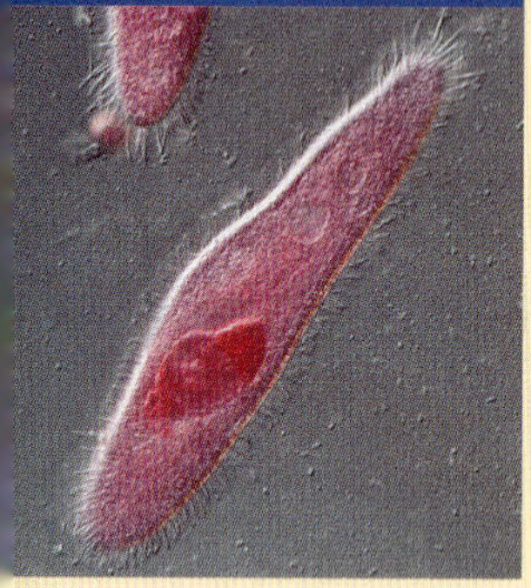

La cellule : unité de structure des êtres vivants

BILAN DES ACTIVITÉS

La paramécie et l'euglène sont des êtres vivants constitués d'une seule cellule : ce sont des êtres vivants unicellulaires. L'élodée et la grenouille sont des êtres vivants constitués de très nombreuses cellules : ce sont des êtres vivants pluricellulaires.

À RETENIR **Tous les êtres vivants sont constitués d'une ou plusieurs cellules. Toute cellule possède une membrane, un noyau et du cytoplasme. Cette unité d'organisation traduit la parenté entre tous les êtres vivants. Une caractéristique du vivant est donc la présence de cellules.**

ACTIVITÉS 3

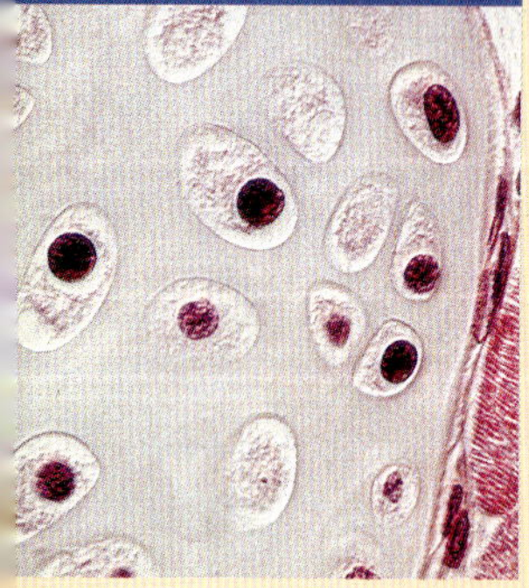

Histoire de la découverte des cellules

BILAN DES ACTIVITÉS

Le microscope permet l'observation de nombreuses cellules dans le sang, le cartilage ou la peau de grenouille. Tout organe de la grenouille est donc constitué de nombreuses cellules. Ces cellules proviennent toutes de la cellule-œuf.

À RETENIR **À partir de 1600, grâce aux microscopes, on réalise de nombreuses observations sur la constitution des êtres vivants.**
Cela a conduit des savants du XIXe siècle à une idée révolutionnaire : la cellule est l'unité de constitution des êtres vivants et l'unité de vie.

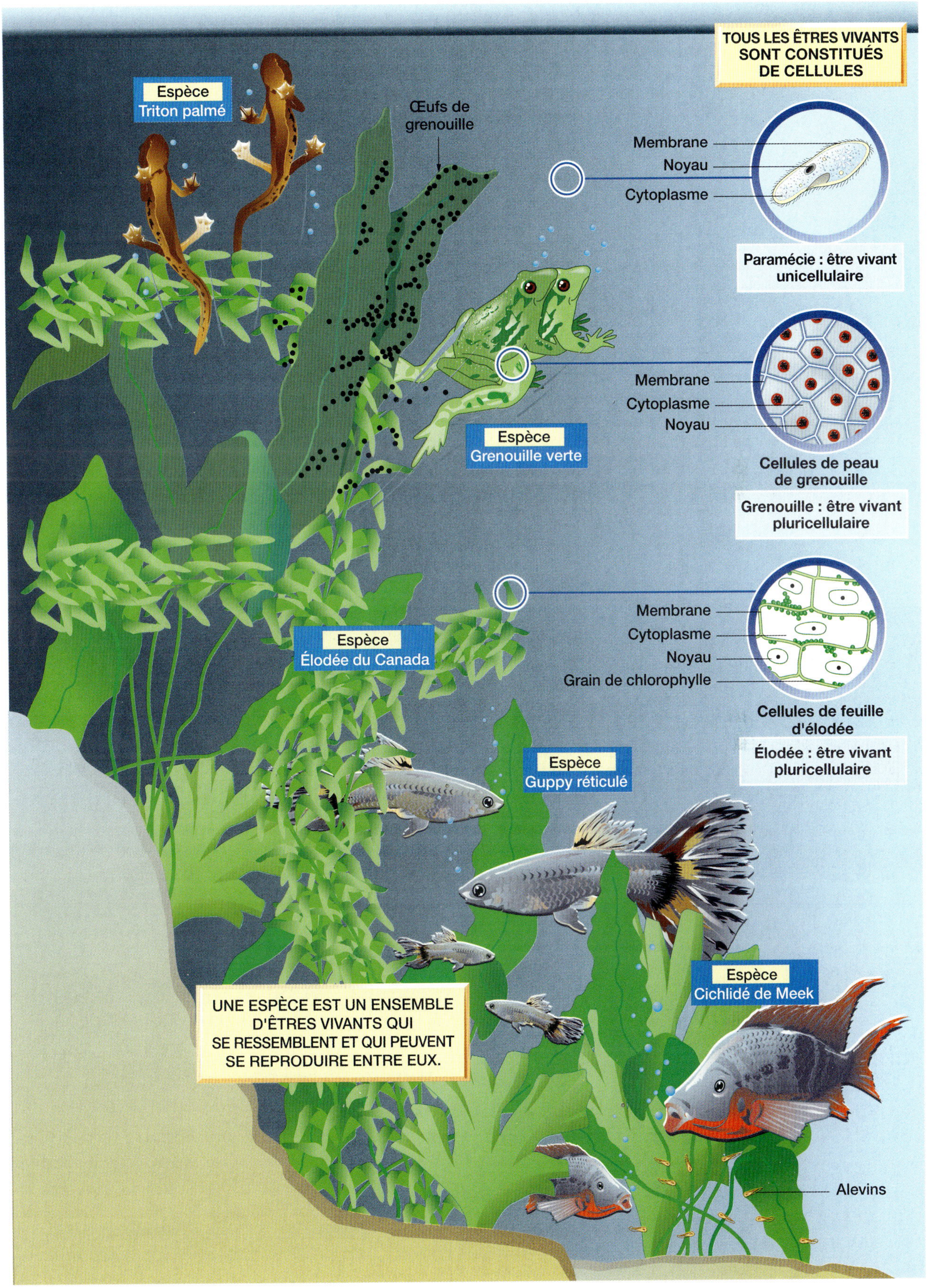
TOUS LES ÊTRES VIVANTS SONT CONSTITUÉS DE CELLULES
Espèce
Triton palmé
Œufs de grenouille
Membrane
Noyau
Cytoplasme
Paramécie : être vivant unicellulaire
Membrane
Cytoplasme
Noyau
Cellules de peau de grenouille
Grenouille : être vivant pluricellulaire
Espèce
Grenouille verte
Membrane
Cytoplasme
Noyau
Grain de chlorophylle
Cellules de feuille d'élodée
Élodée : être vivant pluricellulaire
Espèce
Élodée du Canada
Espèce
Guppy réticulé
Espèce
Cichlidé de Meek
UNE ESPÈCE EST UN ENSEMBLE D'ÊTRES VIVANTS QUI SE RESSEMBLENT ET QUI PEUVENT SE REPRODUIRE ENTRE EUX.
Alevins

EXERCICES

Évaluer ses connaissances

1 Vrai ou faux ?

Indiquer quelles sont les phrases exactes et corriger celles qui sont fausses.

a. Tous les êtres vivants sont constitués de cellules.

b. Deux animaux qui se ressemblent font forcément partie de la même espèce.

c. Toutes les cellules possèdent une membrane, un noyau et du cytoplasme.

d. La levure est un champignon formé d'une seule cellule, c'est donc un être vivant unicellulaire.

e. Deux animaux qui peuvent se reproduire entre eux appartiennent à la même espèce.

2 Croisons les mots

Horizontalement

a. Celle du monde vivant peut être dégagée quand on constate que tous les êtres vivants sont constitués de cellules.

b. Être vivant constitué de plusieurs cellules.

c. Un constituant de chaque cellule.

d. Groupe qui réunit des êtres vivants qui peuvent se reproduire entre eux.

Verticalement

1. Il est présent dans chaque cellule.

2. Être vivant constitué d'une seule cellule.

3. Tous les êtres vivants en sont constitués.

4. Elle délimite toute cellule.

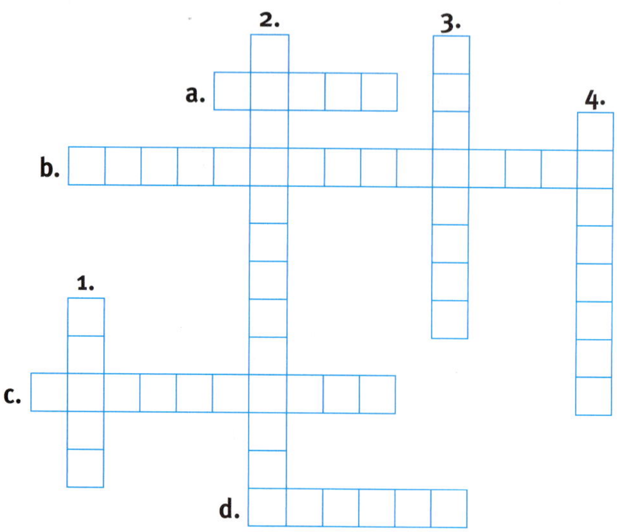

Évaluer ses compétences

3 La notion d'espèce

Dans un laboratoire de SVT de collège, il y a des élevages d'animaux. Les documents ci-dessous présentent trois animaux élevés et appartenant à trois espèces différentes : un hamster, un rat et une souris.

a. Hamster blanc adulte (taille : 8 cm).

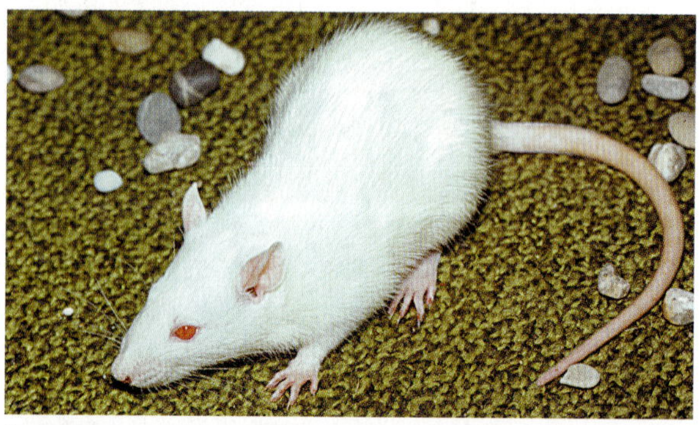

b. Rat blanc adulte (taille: 15 cm sans la queue).

c. Souris blanche adulte (taille: 6 cm sans la queue).

Les élèves d'une classe de 6e observent ces animaux. Antoine, en voyant le hamster, dit qu'il s'agit d'un petit rat et Pierre pense que le rat est le mâle de la souris.

1. I Ra Quelles caractéristiques du rat et du hamster peuvent montrer à Antoine que sa proposition est fausse ?

2. I Ra À l'aide des informations fournies et des caractéristiques du rat et de la souris, que peut-on répondre à Pierre ? Comment peut-on prouver qu'il sagit d'espèces différentes ?

4 Identifier des êtres vivants

Trois préparations microscopiques ont été réalisées et observées au microscope. Il s'agit : de l'épiderme d'oignon (végétal pluricellulaire), d'une amibe (être vivant unicellulaire) et d'une bulle d'air dans de l'eau.

Les documents ci-dessous présentent, dans le désordre, ces trois préparations.

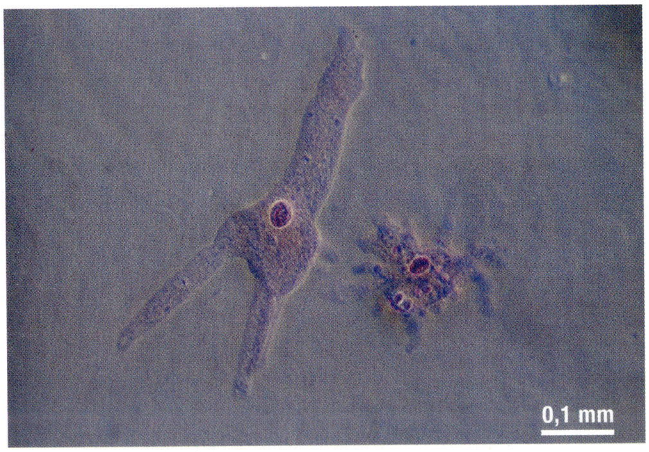

a. Observation microscopique (coloration artificielle).

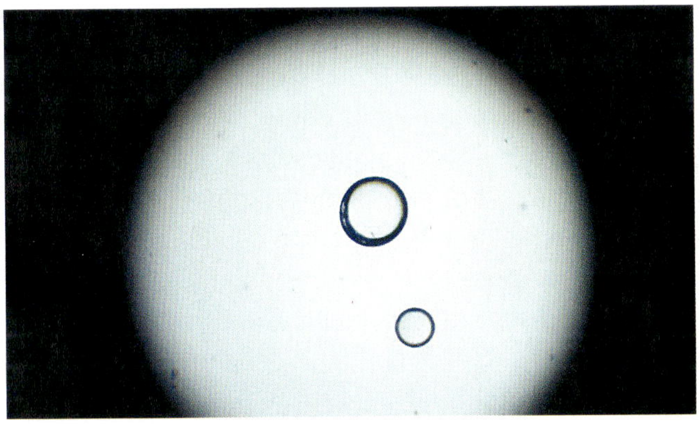

b. Observation microscopique.

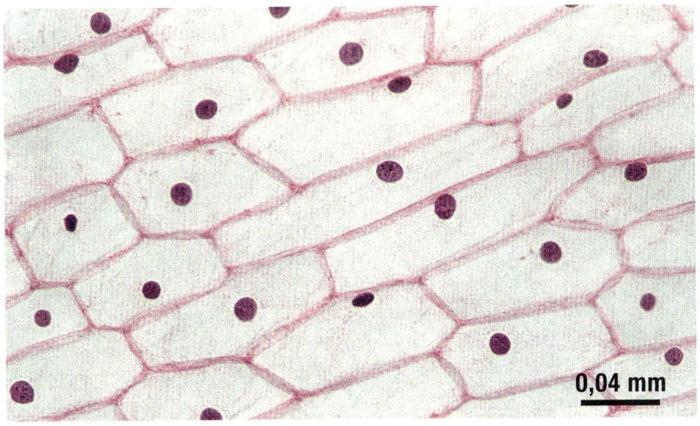

c. Observation microscopique (coloration artificielle).

1. I Ra Identifier les photos qui montrent des cellules. Justifier la réponse.

2. C Ra À l'aide des informations fournies, donner un titre à chacune des photos.

5 Des espèces différentes

Ces deux photos illustrent des observations faites, au printemps, dans un même étang.

a. Accouplement et production d'œufs.

b. Accouplement et production d'œufs.

1. I Ra À partir d'arguments tirés des photos, indiquer si ces quatre animaux appartiennent à 1, 2, 3 ou 4 espèces.

6 Identifier le vivant

Une préparation microscopique, sans indications, est observée au microscope optique.

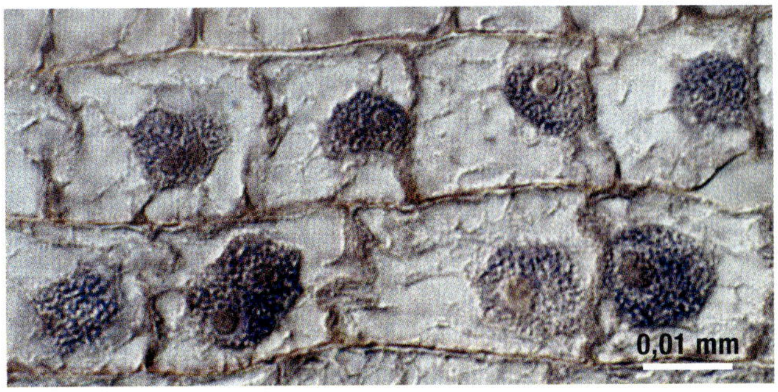

Observation microscopique.

1. I C Réaliser un schéma de l'observation microscopique et le légender.

2. I Ra Fournir des arguments qui justifient l'affirmation que cette préparation microscopique a été réalisée à partir d'un organe appartenant à un être vivant.

Expérimenter

Réaliser un aquarium d'eau douce

Réaliser un aquarium d'eau douce permet d'observer le comportement de certains poissons. Pour cela, il faut reconstituer les conditions de vie de ces poissons dans la nature.

1 Matériel

- Un aquarium rectangulaire (d'une taille d'environ 50 cm x 24 cm x 28 cm, soit une capacité de 33,6 litres environ).
- Une rampe lumineuse.
- Une résistance pour chauffer l'eau (taille adaptée à l'aquarium).
- Une pompe pour filtrer l'eau (taille adaptée à l'aquarium).
- Un aérateur (ou bulleur) pour oxygéner l'eau.
- Du sable ou des petits graviers (déposer une couche d'environ 7 cm au fond de l'aquarium).
- Quelques roches, de préférence granitiques ou siliceuses.
- De l'eau du robinet (vérifier qu'elle n'est pas trop acide ou trop riche en chlore).
- Quelques plantes d'aquarium (Élodée).

2 Préparation

- Bien rincer à l'eau courante l'aquarium, les roches et le sable ou les graviers, ainsi que la pompe, la résistance et le bulleur.
- Placer le sable (ou les graviers) au fond.
- Remplir l'aquarium en évitant de verser l'eau de trop haut.
- Mettre en place les plantes.
- Mettre en place les dispositifs d'aération, de filtration, de chauffage puis les mettre en marche.
- Patienter deux ou trois jours, le temps de laisser l'aquarium s'équilibrer.
- Laisser les poissons dans leur poche de transport et placer celle-ci dans l'aquarium pendant une heure, afin d'équilibrer les températures.
- Ouvrir la poche contenant les poissons et en verser le contenu, délicatement, dans l'aquarium.
- Attendre une journée avant de nourrir les poissons.

Quelques précautions

- **Ne pas mettre les mains dans l'aquarium lorsque les dispositifs sont en marche ou branchés (risque d'électrocution).**
- **Ne pas mettre trop de poissons dans l'aquarium : chacun doit avoir son territoire.**
- **Ne pas trop nourrir les poissons, sinon la nourriture va troubler l'eau et asphyxier les poissons.**

Classer les êtres vivants

12

Il y a différentes façons de trier, de ranger, de classer un même ensemble d'êtres vivants.
Ici, le poissonnier distingue les poissons des fruits de mer. Le scientifique propose une classification des êtres vivants.

OBSERVER
S'INTERROGER

Une observation attentive pour identifier des caractères

1 Quelques êtres vivants dans des milieux différents.

a.

b.

c.

d.

e.

f.

g.

h.

Chacun de ces êtres vivants présente des caractères que l'on peut retrouver chez d'autres. Le partage d'un caractère entre différents êtres vivants permet d'effectuer des regroupements.

a. Amphibien : grenouille.
b. Arbre : marronnier.
c. Oiseau : héron (échassier).
d. Mammifère : castor.
e. Mollusque : escargot.
f. Champignon : cèpe de Bordeaux.
g. Tortue : cistude.
h. Poisson : carpe.

Trier, ranger, classer en utilisant des caractères

2 Ranger et trier.

a. Les êtres vivants sont rangés du plus petit au plus grand.
b. Les êtres vivants sont triés en fonction de l'une de leurs caractéristiques : posséder ou non des pattes.

3 La place de certains êtres vivants dans une classification établie par les scientifiques.

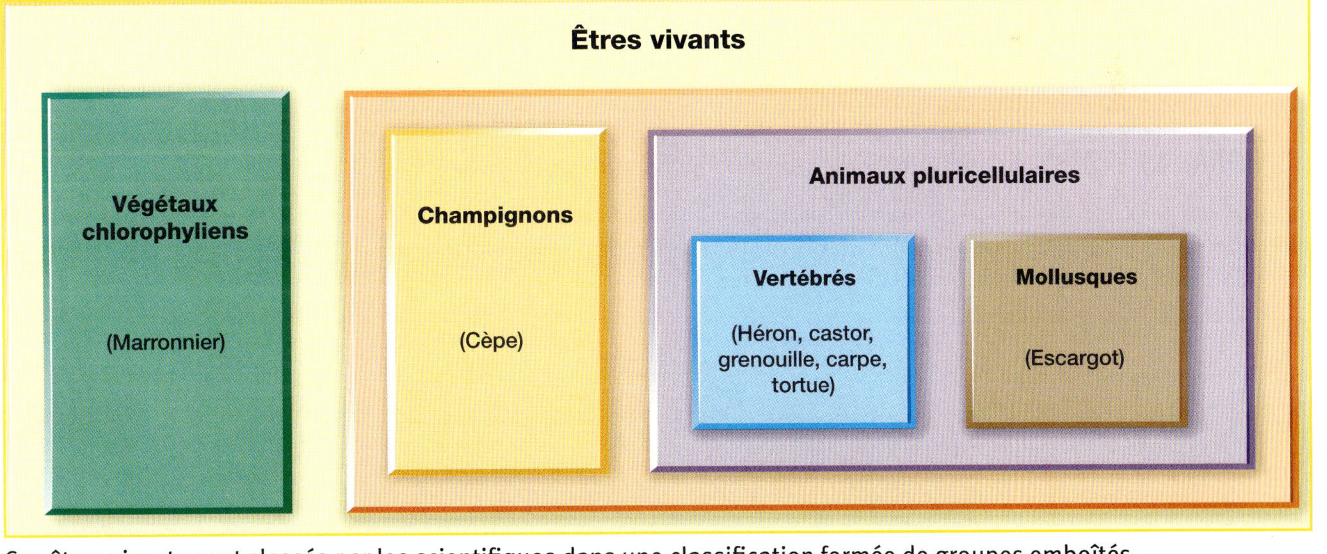

Ces êtres vivants sont classés par les scientifiques dans une classification formée de groupes emboîtés.

S'INTERROGER

- *Sur les caractères utilisés pour construire une classification.*
- *Sur ce qu'est une classification.*
- *Sur les informations apportées par une classification.*

ACTIVITÉS

1 Des critères précis pour classer

Comment utiliser les caractères observés pour faire des groupes et classer les êtres vivants ?

Des caractères à identifier pour regrouper

4 Les squelettes de quelques animaux.

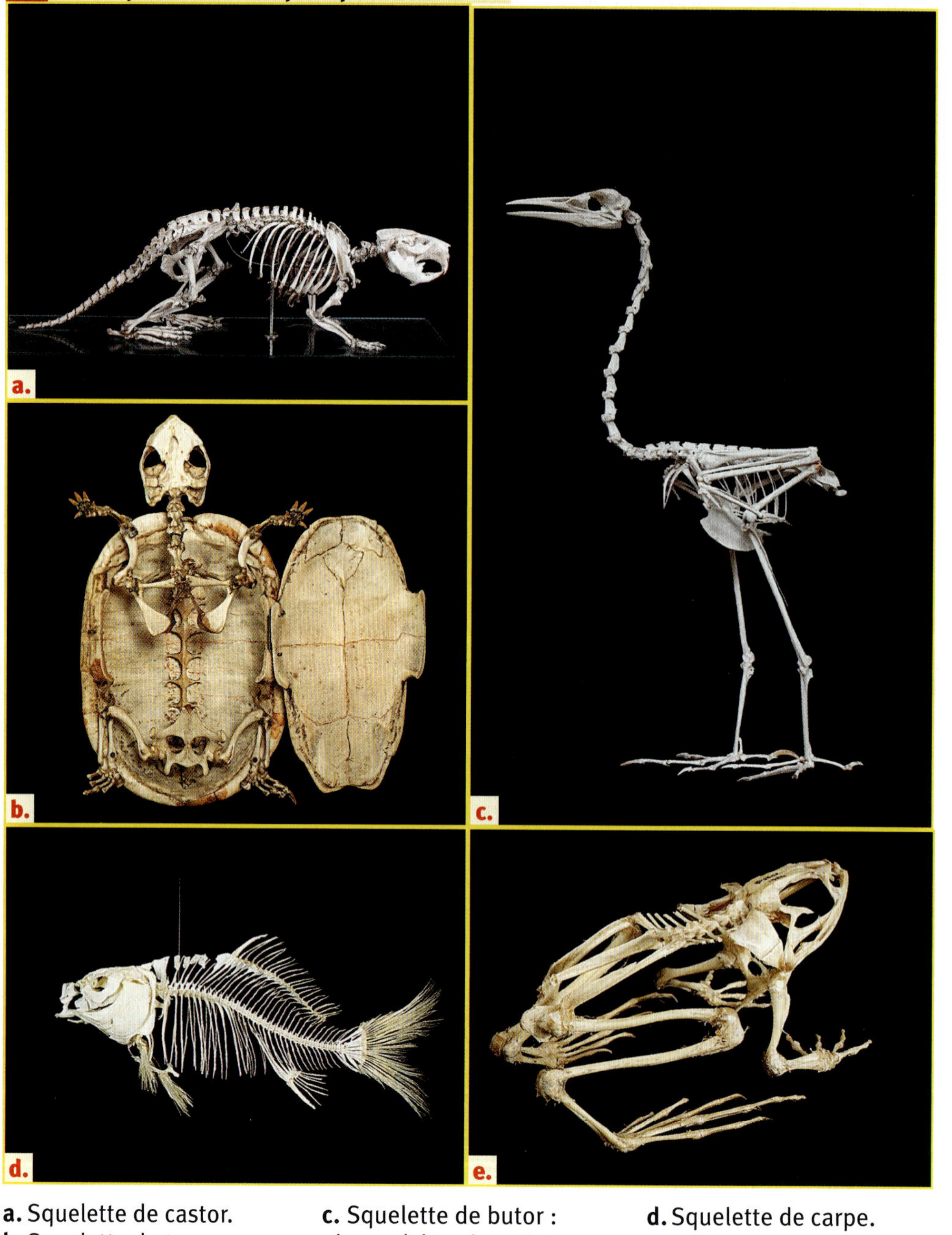

a. Squelette de castor.
b. Squelette de tortue.
c. Squelette de butor : oiseau échassier voisin du héron.
d. Squelette de carpe.
e. Squelette de grenouille.

QUESTIONS

S'INFORMER ET RAISONNER

① **Doc. 4**
Quel caractère permet de réunir ces animaux dans le groupe des vertébrés ?

S'INFORMER ET COMMUNIQUER

② **Doc. 4, 5, 6**
Dans le sous-groupe des tétrapodes, faire apparaître deux autres sous-groupes, celui des animaux possédant des membres avec des doigts recouverts d'écailles soudées puis celui des animaux possédant des membres recouverts de plumes.

S'INFORMER ET RAISONNER

③ **Doc. 4, 5, 6**
Que peut-on constater à propos de la classification réalisée à la question précédente ?

MOTS-CLÉS

- **Caractères**
- **Groupes**
- **Sous-groupes**
- **Groupes emboîtés**

Des caractères à identifier et à ordonner pour classer

5 D'autres caractères utilisés pour la classification des vertébrés.

Les pattes et les ailes sont des membres possédant des doigts.
a. Patte postérieure de castor dont la peau est recouverte de poils.
b. Pattes de héron dont la peau porte des écailles soudées.
c. Ailes de héron dont la peau est recouverte de plumes.
d. Patte antérieure de tortue dont la peau porte des écailles soudées.
e. Nageoires pectorales (membres sans doigts) de poisson. La peau est recouverte d'écailles qui peuvent se détacher une à une.

6 Réaliser des groupes et sous-groupes en ordonnant les caractères.

Les tétrapodes sont des vertébrés possédant quatre membres ayant des doigts. Toutes les espèces appartenant au sous-groupe des tétrapodes possèdent les caractères des vertébrés et elles ont en plus, le caractère propre des tétrapodes (membres ayant des doigts). La carpe qui n'a pas de doigts n'appartient pas à ce sous-groupe.

b.

a. Un groupe réunit tous les êtres vivants qui possèdent un même caractère : ici le groupe des vertébrés. Un sous-groupe est un ensemble entièrement contenu dans un groupe, par exemple le sous-groupe des tétrapodes. Groupes et sous-groupes forment des groupes emboîtés.
b. Les caractères des tétrapodes.

ACTIVITÉS

2 Une classification des végétaux chlorophylliens

Quels renseignements apporte la lecture d'une classification ? Comment permet-elle de situer les différents végétaux les uns par rapport aux autres ?

Des groupes emboîtés les uns dans les autres.

7 Une classification des végétaux.

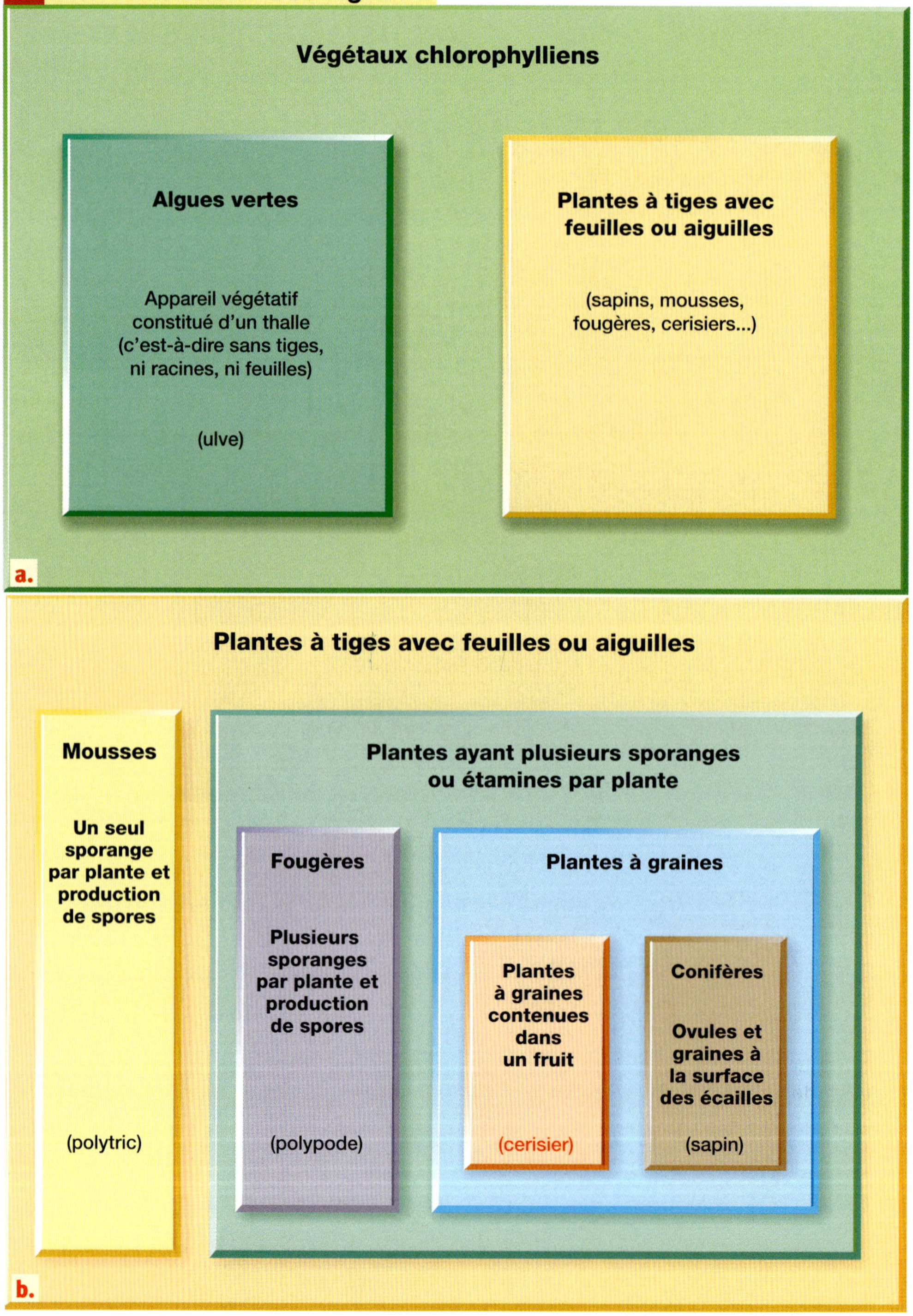

a. Classification des végétaux chlorophylliens. Les végétaux chlorophylliens regroupent les végétaux qui ont de la chlorophylle (grains verts contenus dans les cellules).
b. Classification des végétaux ayant des feuilles ou des aiguilles.

QUESTIONS

S'INFORMER ET RAISONNER

① **Doc. 7**
À partir de la place du cerisier dans la classification, indiquer les caractères que possède le cerisier.

S'INFORMER ET COMMUNIQUER

② **Doc. 7, 8**
Indiquer les numéros des photos qui permettent de retrouver les caractères possédés par le cerisier.

S'INFORMER ET RAISONNER

③ **Doc. 7, 8**
Pour chacun des végétaux, le pin maritime et le dicksonia antarctica, préciser les caractères visibles sur les photographies et utiliser la classification pour indiquer le groupe auquel appartient chacun d'eux.

MOTS-CLÉS

- **Caractères**
- **Graines**
- **Sporanges**

Des caractères utilisés pour classer les végétaux

8 Des caractères observables chez les végétaux.

a.

b.

c.

d.

e.

f.

g.

h.

i.

j.

a. Arbre : cerisier.
b. Des cerises sur un rameau.
c. Fleur de cerisier.
d. Cerise.
e. Arbre : pin maritime.
f. Fleurs de pin maritime. Amas de cônes formés d'écailles qui libèrent du pollen. Chaque écaille est une étamine.
g. Coupe d'un cône de pin maritime montrant les ovules à la surface des écailles (les ovules ne sont pas contenus dans un pistil).
h. À maturité, chaque écaille de la pomme de pin porte une graine ailée.
i. Dicksonia antarctica d'Australie.
j. Amas de sporanges contenant des spores sur une feuille de dicksonia.

ACTIVITÉS

3 Des caractères non retenus pour classer

Une ressemblance globale entre deux animaux suffit-elle pour qu'ils soient classés dans un même groupe ?

Milieu de vie et forme du corps

9 Dauphin et requin vivent en milieu marin.

a. Le dauphin vient régulièrement à la surface de l'eau pour remplir ses poumons d'air.
La femelle donne naissance à un petit qu'elle allaite pendant plusieurs mois.
Les nageoires du dauphin sont des membres possédant des doigts soudés entre eux.
b. Requin. Les nageoires du requin sont des membres sans doigts. Il possède des branchies qui lui permettent de respirer dans l'eau.

10 Une classification des vertébrés établie par les scientifiques.

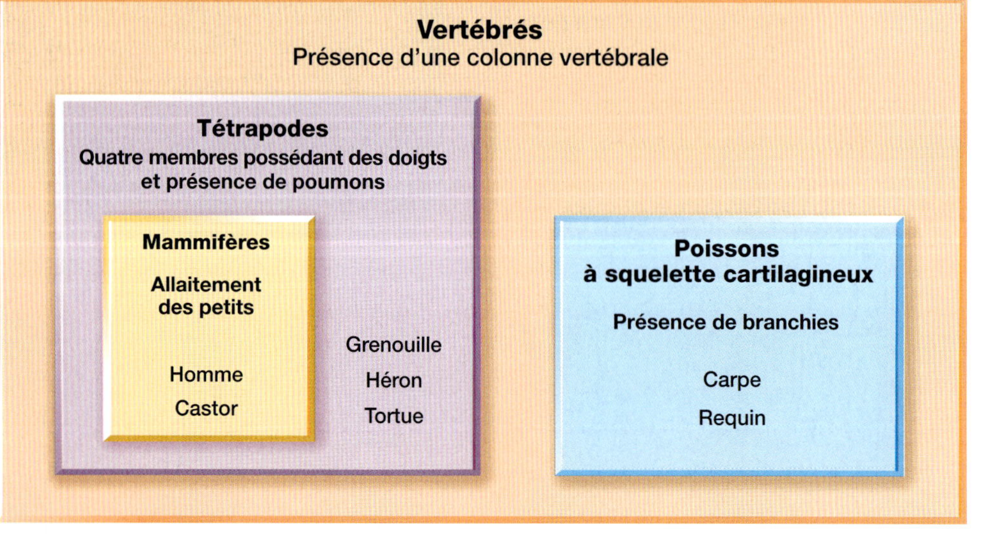

QUESTIONS

S'INFORMER ET RAISONNER

① **Doc. 9, 10**
En fonctions des caractères retenus dans la classification, placer le dauphin dans un sous-groupe.

② **Doc. 9, 10**
Le dauphin est-il plus proche de l'Homme ou du requin dans cette classification ? Justifier.

③ **Doc. 11, 12**
À l'aide des informations fournies, placer les trois animaux dans la classification.

MOTS-CLÉS

- **Classifications**
- **Caractères**

Le vol : un caractère non utilisé pour classer

11 Des animaux qui possèdent des ailes.

a. Un oiseau : le colibri roux.
b. Un insecte : le hanneton commun.
Il a trois paires de pattes articulées et un corps recouvert d'une cuticule (couche superficielle, rigide et imperméable).
c. Une chauve-souris : la pipistrelle.

12 La place du colibri, de la pipistrelle et du hanneton dans une classification scientifique.

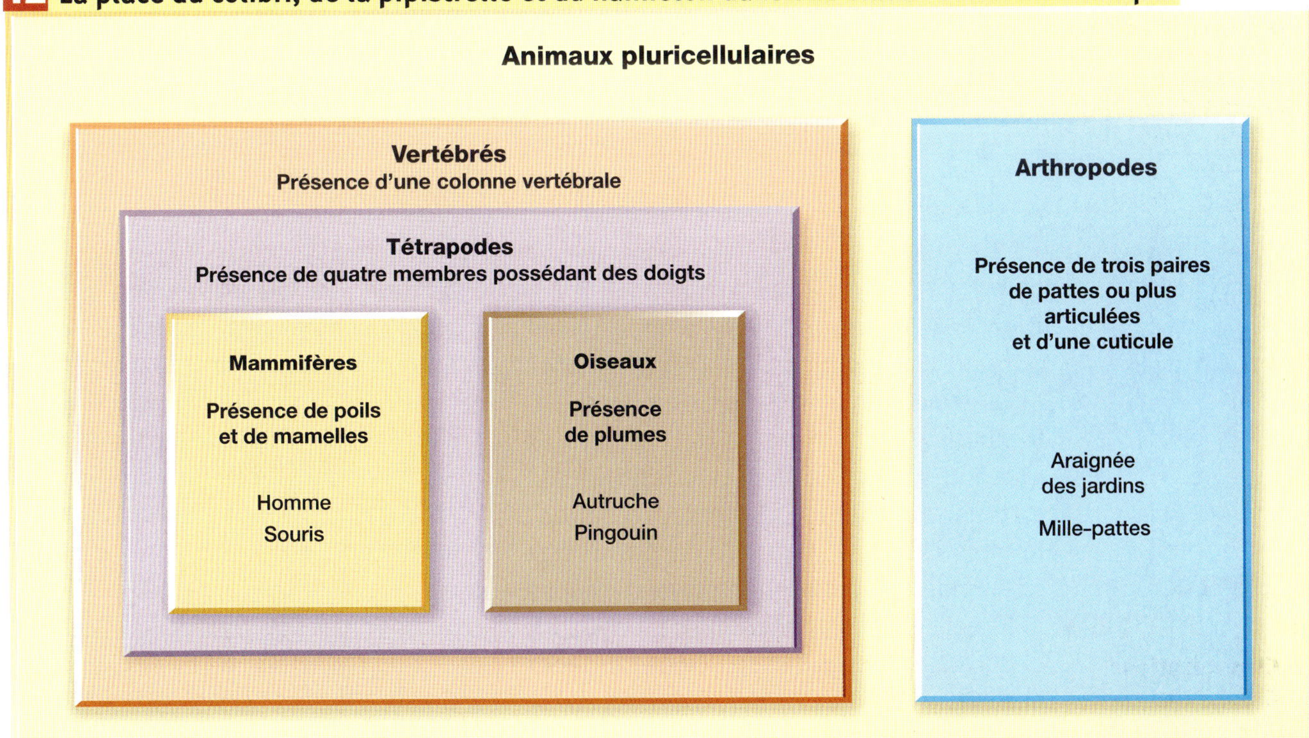

NOTIONS ESSENTIELLES

Classer les êtres vivants

ACTIVITÉS 1

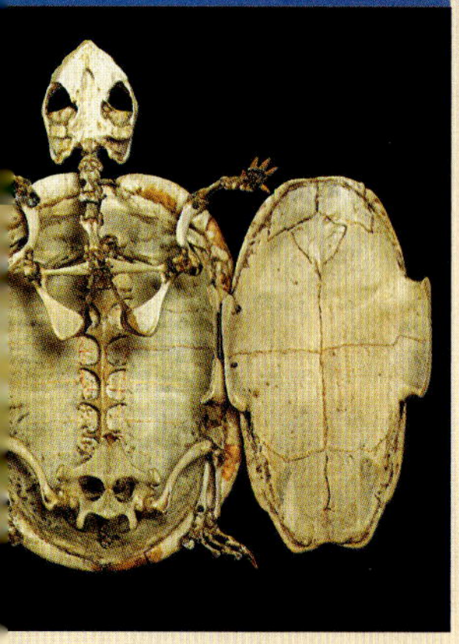

Des critères précis pour classer

BILAN DES ACTIVITÉS

La grenouille, la carpe, le héron, la tortue cistude et le castor appartiennent tous au groupe des vertébrés car ils possèdent une colonne vertébrale. Dans ce groupe, on peut faire des sous-groupes : ainsi, héron, cistude, castor et grenouille font partie du sous-groupe des tétrapodes caractérisé par la présence de quatre membres articulés possédant des doigts.

À RETENIR **On peut réunir dans un groupe des êtres vivants qui partagent un ou plusieurs caractères. Au sein d'un groupe, on peut définir des sous-groupes. Groupes et sous-groupes s'emboîtent, on les appelle des groupes emboîtés.**

ACTIVITÉS 2

Une classification des végétaux chlorophylliens

BILAN DES ACTIVITÉS

Deux espèces sont d'autant plus proches l'une de l'autre, dans la classification, qu'elles partagent un plus grand nombre de caractères. Ainsi, le pin (conifère) est plus proche du cerisier que du dicksonia (fougère) car il partage plus de caractères (feuilles, étamines, ovules, graines) avec le cerisier qu'avec le dicksonia.

À RETENIR **Une classification est une façon de regrouper les êtres vivants en groupes, emboîtés les uns dans les autres. Plus des espèces partagent de caractères et plus elles sont proches dans une classification (et inversement).**

ACTIVITÉS 3

Des caractères non retenus pour classer

BILAN DES ACTIVITÉS

Bien que le dauphin vive dans l'eau et possède des nageoires, il est regroupé avec l'Homme et non avec la carpe ou le requin. Il partage avec l'Homme des caractères plus importants (selon les scientifiques) et plus nombreux. De même, le colibri, la pipistrelle et le hanneton ont tous des ailes, mais ils appartiennent à des groupes différents car la classification est basée sur d'autres caractères que celui « de posséder des ailes ».

À RETENIR **La classification n'est pas basée sur des ressemblances générales, mais sur le partage de caractères bien précis. Ainsi, des êtres vivants qui se ressemblent globalement, peuvent être assez éloignés dans une classification (et inversement).**

UNE CLASSIFICATION SOUS FORME DE GROUPES EMBOÎTÉS

Une espèce d'un sous-groupe possède les caractères du groupe dans lequel le sous-groupe est inclus.
Exemple : les espèces du sous-groupe mammifères possèdent des poils et des mamelles, mais ils possèdent aussi les caractères définissant les tétrapodes et les vertébrés.

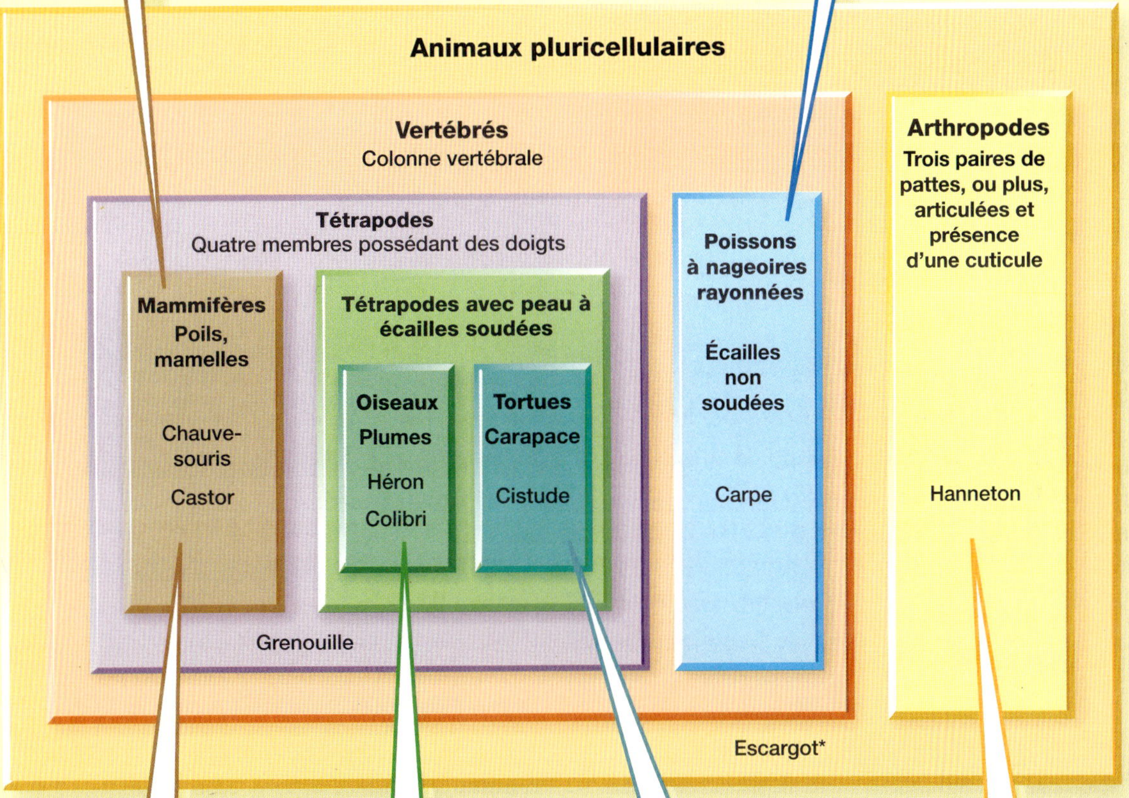

* L'escargot n'appartient ni au groupe des vertébrés ni au groupe des arthropodes, cela signifie qu'il existe dans la classification d'autres groupes. Exemple : l'escargot appartient au groupe des mollusques.

EXERCICES

Évaluer ses connaissances

1 Vrai ou faux

Indiquer les affirmations qui sont vraies, corriger celles qui sont fausses.

a. Il suffit que deux animaux se ressemblent globalement pour qu'ils soient classés dans le même groupe.

b. La classification est constituée de groupes emboîtés les uns dans les autres.

c. Tous les organismes d'un même groupe possèdent un caractère en commun qui n'existe pas dans les autres groupes.

d. Un même organisme peut appartenir à plusieurs groupes différents, non emboîtés les uns dans les autres.

2 Mots croisés

Horizontalement

a. Bien que le colibri, la chauve-souris et le hanneton en possèdent, ce caractère ne suffit pas à les regrouper dans une classification.

b Les groupes le sont dans une classification.

c. Tous les organismes d'un même groupe en possèdent au moins un qui leur est propre.

Verticalement

1. Présente dans un fruit, c'est un caractère qui permet de regrouper le cerisier et le pin dans la classification des végétaux.

2. Établie par les scientifiques, elle est constituée de groupes emboîtés.

3. C'est un caractère qui permet de regrouper, parmi les vertébrés, tous ceux qui sont des oiseaux.

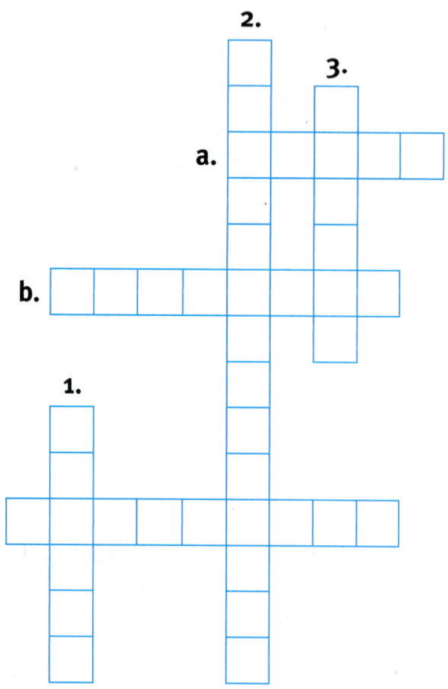

Évaluer ses compétences

3 Un animal étrange : l'ornithorynque

L'ornithorynque est un animal qui vit exclusivement en Australie. Couvert de poils, avec un bec de canard qui lui permet de filtrer la vase, il pond des œufs et allaite ses petits. Ses pattes sont munies de longues griffes qui peuvent blesser profondément.

Ornithorynque nageant.

1. I C À l'aide des informations fournies, compléter le tableau suivant.

	Mode de développement	Revêtement de la peau	Allaitement des petits
Homme	Vivipare*	Poils	Oui
Chat	Vivipare*	Poils	Oui
Canard	Ovipare**	Plumes	Non
Ornithorynque			

*Vivipare : qui accouche de petits.
**Ovipare : qui pond des œufs.

2. I Ra Dans la classification des êtres vivants, l'ornithorynque est dans un groupe qui réunit l'Homme et le chat, mais pas le canard. Quels sont les caractères qui définissent ce groupe ?

3. Ra Quel caractère n'est donc pas utilisé dans cette classification ?

4 Classer un végétal

La prêle est une plante des milieux humides. Elle possède un rhizome qui produit deux types de tiges aériennes.

a. Prêle : tiges feuillées et tige portant des sporanges.

b. Épi portant de nombreux sporanges qui libèrent des spores.

1. I C Ra À partir des informations fournies, déterminer les groupes auxquels appartient la prêle dans la classification des végétaux (activité 2 page 200). Justifier le choix des groupes.

5 Classer des arthropodes

Le scorpion, le lithobie, la langouste et la fourmi sont des arthropodes : êtres vivants possédant une cuticule (carapace externe qui protège tout leur corps) et des pattes articulées.

a. Deux fourmis.

b. Un lithobie.

c. Un scorpion.

d. Une langouste.

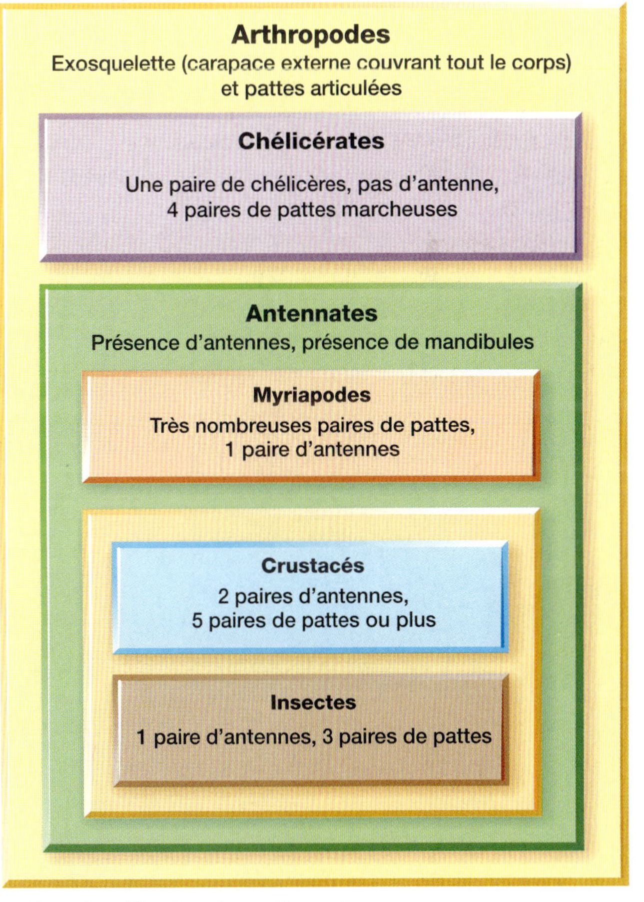

e. Une classification des arthropodes.

1. I Ra À l'aide des informations fournies, placer les quatre animaux dans la classification proposée.

2. I Ra Avec quel autre arthropode proposé, la langouste partage-t-elle le plus de caractères. Justifier la réponse.

Expérimenter

Fiches d'identité des animaux à classer

Chaque fiche présente les caractères cités et utilisés par les scientifiques pour classer ces animaux.

Homme

Pouces opposables
Poils
Nez
Narines rapprochées
Allaitement des petits
Pas de queue (coccyx)
Ongles

Panda

Pouces non opposables
Poils
Truffe
Narines écartées
Allaitement des petits
Queue
Griffes

Macaque

Pouces opposables
Poils
Nez
Narines rapprochées
Allaitement des petits
Queue
Ongles

Chimpanzé

Pouces opposables
Poils
Nez
Narines rapprochées
Allaitement des petits
Pas de queue (coccyx)
Ongles

Cebus

Pouces opposables
Poils
Nez
Narines écartées
Allaitement des petits
Queue
Ongles

Maki catta

Pouces opposables
Poils
Truffe
Narines écartées
Allaitement des petits
Queue
Ongles

Expérimenter

Classer des mammifères

On peut réaliser une classification constituée de groupes emboîtés pour classer les animaux présentés ci-contre, en utilisant les caractères, de chacun d'eux, cités et utilisés par les scientifiques.

1 Matériel

- Cinq pochettes plastiques (ou sacs de congélation) de taille différente,
- Cinq étiquettes,
- Une fiche par animal (reprenant les modèles ci-contre, à recopier ou à photocopier puis à découper).

2 Réalisation

- Commencer par regrouper dans un même sac (prendre le plus petit) les fiches des animaux qui partagent le plus de caractères.
- Fermer ce sac et coller une étiquette qui porte le numéro 1.
- Mettre ce sac dans un autre et ajouter dans ce dernier la (ou les) fiche(s) de l'animal (ou des animaux) qui possèdent le plus de caractères en commun avec ceux qui sont déjà dans le sac n° 1.
- Fermer ce sac et coller une étiquette qui porte le numéro 2.
- Procéder ainsi en utilisant peu à peu tous les sacs et toutes les fiches.
- Noter sur l'étiquette du sac le plus extérieur (le n° 5), le nom du (ou des) caractère(s) que partagent tous les animaux regroupés dans ce sac.
- Procéder ainsi pour tous les sacs, en allant du plus extérieur au plus intérieur.
- Rajouter sur chaque étiquette le nom du groupe correspondant en vous aidant du tableau ci-dessous.

Nom du groupe	Caractère(s) spécifique(s)
Singes	Présence d'un nez (au lieu d'une truffe)
Hominoïdes	Pas de queue (présence d'un coccyx)
Primates	Pouces opposables ; ongles (au lieu des griffes)
Catarhiniens	Narines rapprochées (au lieu d'écartées)
Mammifères	Présence de poils ; allaitement des petits

Caractères spécifiques à chacun des groupes.

Connaître notre environnement, la biologie des êtres vivants qui le peuplent, les relations entre ces êtres vivants et leur milieu de vie, tout cela permet d'avoir une attitude responsable pour mieux gérer et préserver notre environnement

Gérer notre environnement

THÈME 1

Pour une exploitation durable de la mer

Mots associés pour moteur de recherche
Surexploitation/pêche
Biodiversité/pêche

La surexploitation de certains milieux risque d'épuiser les stocks de poissons disponibles. Que peut-on faire pour préserver la vie dans les mers ?

La pêche industrielle et l'évolution des stocks de merlus

1 La pêche d'un chalutier industriel.

Avec son immense filet, un chalutier moderne est capable de prendre 100 tonnes de poissons en une heure, autant qu'un bateau de pêche du XVIe siècle en une année.

2 Évolution des quantités de merlus pêchés.

a.

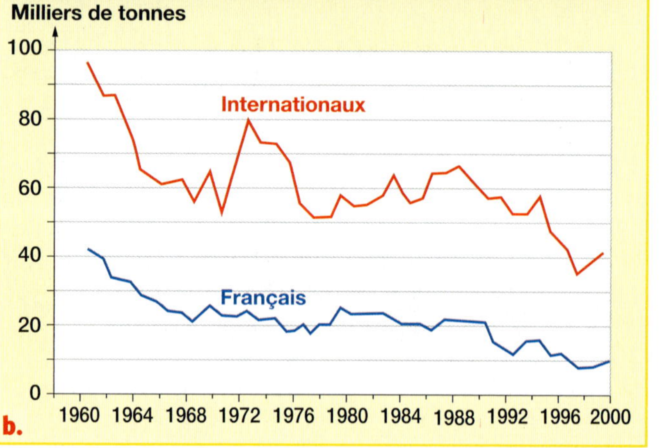

b.

a. Le merlu est un poisson marin de l'océan Atlantique Nord. Il est beaucoup pêché et peut être vendu sur les marchés sous le nom de colin.
b. Évolution des quantités de merlus pêchés par les bateaux français et étrangers, entre 1959 et 2000, le long des côtes européennes.

3 Évolution des stocks de merlus reproducteurs en mer entre 1979 et 2000.

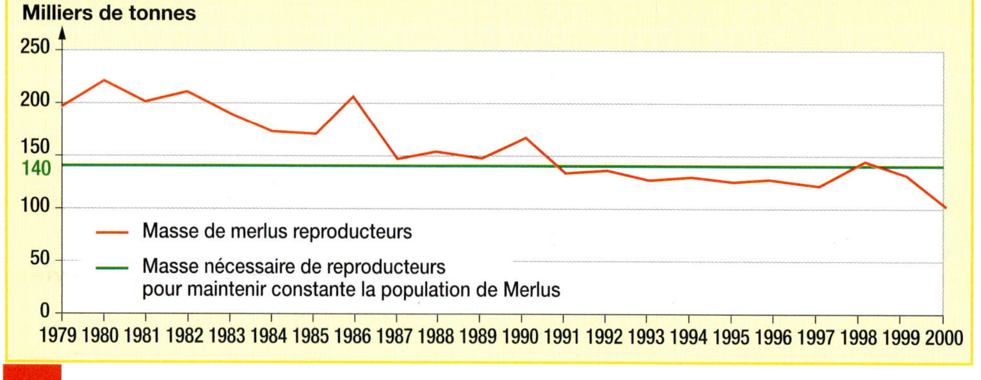

Des directives européennes réglementent de façon stricte les quantités de poissons pêchés et les caractéristiques des matériels de pêche.

Notre responsabilité dans le maintien des populations d'animaux

4 Les conséquences du prélèvement de poissons marins pour les aquariums.

a. Le poisson clown vit dans les récifs coralliens du Pacifique, surtout de l'Indonésie à l'Australie. Il vit dans une anémone de mer qui le protège des autres poissons et à laquelle il apporte de la nourriture.

b. Plus de 20 millions de poissons tropicaux sont capturés chaque année pour approvisionner le marché des aquariums, souvent sans que les acheteurs n'aient la possibilité d'assurer leur survie.

5 Les conséquences de la pêche à pied à marée basse.

a. Limiter sa récolte à ce qui sera consommé.
b. Observer en prenant des précautions.
À marée basse, les animaux qui ne peuvent vivre que dans l'eau se réfugient sous des cailloux immergés dans les flaques laissées par la mer. Là, ils sont à l'abri du dessèchement. En retournant ces cailloux, on modifie les conditions de vie de ces animaux fixés ou peu mobiles, ce qui peut entraîner leur mort.

Ne pas prélever trop d'animaux dans le milieu naturel.

Ne pas modifier leur milieu de vie, c'est en respecter la vie.

THÈME 2

Activités humaines, milieux naturels et biodiversité

Mots associés pour moteur de recherche
Biodiversité/Natura 2000
Environnement/Biodiversité
Destruction de la biodiversité

L'Homme dépend de son milieu naturel, de la qualité de l'air et de l'eau comme de l'équilibre et de la bonne santé de la nature. Il doit respecter et protéger ce patrimoine naturel au profit des générations futures.

Des mesures au niveau européen

1 Des sites naturels protégés par le réseau européen « Natura 2000 ».

Le réseau «Natura 2000» a été créé pour préserver la diversité biologique sur le territoire de l'Union européenne.
Il est composé de sites désignés spécialement par chacun des états membres.
En France, les sites sont accessibles à partir de l'adresse : http://natura2000.environnement.gouv.fr
Dans ces sites, on cherche à préserver des habitats naturels et les espèces qui y vivent, tout en permettant une activité économique et culturelle. Ce ne sont donc pas des réserves où toute activité humaine serait interdite.

2 Un site « Natura 2000 » en France : La Brenne.

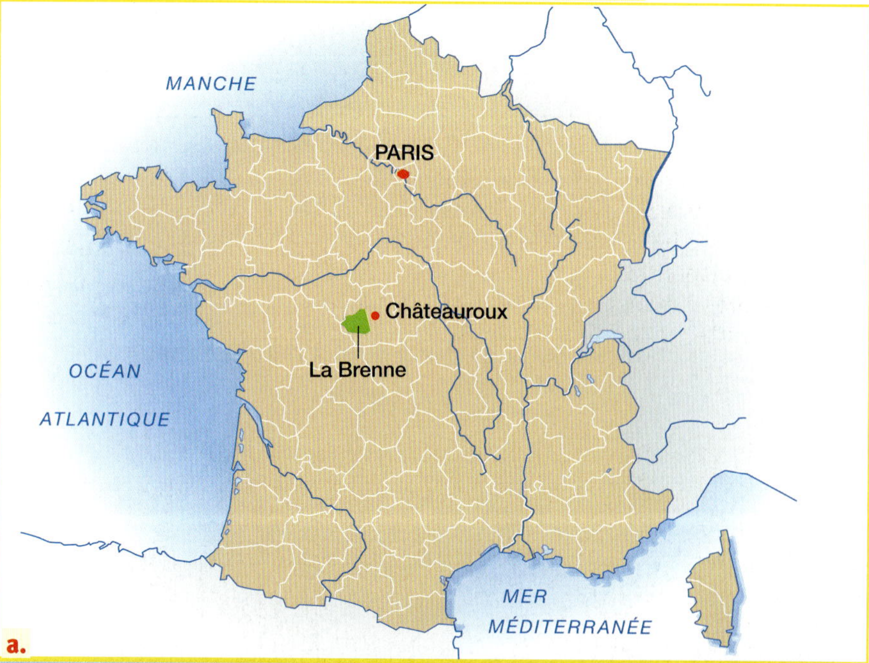

a.

b.

a. La Brenne est une région du Berry située dans le département de l'Indre, à l'ouest de Châteauroux. C'est une région humide riche en marais.
b. Le site de la Brenne est formé d'une variété de milieux naturels : étangs et mares, landes, prairies, tourbières et forêts. À cette diversité est associée une grande diversité d'espèces animales et végétales.

Des mesures qui concernent chacun

3 Préserver les espèces au site de La Brenne.

a.

La cistude est une tortue carnivore. Elle passe la majeure partie de son temps dans l'eau. Cependant, la ponte a lieu de mai à juillet sur des sols chauds, non inondables, à une distance du point d'eau pouvant atteindre plusieurs centaines de mètres. La cistude pond 3 à 13 œufs dans un trou peu profond d'une dizaine de centimètres.

b.

• Mesures de protection relatives à l'habitat de la cistude :
- Conserver les zones humides,
- Ne pas utiliser d'herbicides,
- Ne pas effectuer de travail du sol sur les sites de ponte.

• Mesures de protection concernant l'espèce « cistude » :
- Ne pas lâcher dans les étangs de La Brenne, la tortue de Floride. Souvent élevée en aquarium, elle est fréquemment relâchée dans les mares ou étangs lorsqu'elle devient trop grande. Carnivore et très vorace, la tortue de Floride entre en compétition avec la cistude pour sa nourriture et tend à provoquer la disparition de cette dernière.
- Préserver la tranquillité des lieux de ponte signalés.

c.

a. La tortue cistude est une espèce protégée en France. On peut l'observer dans les marais de La Brenne.
b. La tortue cistude, une espèce vulnérable, menacée de disparition.
c. Des mesures à respecter, par les habitants et les visiteurs du site, pour préserver la cistude.

4 Consignes à respecter pour préserver le milieu naturel.

a.

b.

a. La forêt, c'est sacré quel que soit le lieu géographique. Les incendies peuvent détruire en quelques heures des hectares de forêts qui ont mis plusieurs années à se développer.

b. Ne pas quitter les sentiers de randonnée pour ne pas détruire la flore et ne pas déranger les animaux.
c. La régénération des forêts se fait sur une très longue durée : respecter les jeunes plantations.

c.

Agir en tant que citoyen responsable pour maintenir la biodiversité.

THÈME 3 Contrôler la pollution chimique

Mots associés pour moteur de recherche
Pollution/piles ménages
Pollution/métaux lourds
Recyclage/piles

Pendant longtemps, les effets toxiques du mercure ont été ignorés. Aujourd'hui, ils sont reconnus et demandent des comportements responsables des industriels et des citoyens.

Une pollution chimique aux conséquences dramatiques

1 Une intoxication liée à la consommation de poissons.

Pendant de nombreuses années, entre 1940 et 1968, une usine chimique a déversé du mercure dans la baie de Minamata (plus de 80 tonnes, à raison d'environ 0,5 litre par jour). Les populations ont d'abord constaté une mortalité inhabituelle chez les poissons (poissons morts flottant sur l'eau), et les animaux consommant des poissons : oiseaux (qui tombaient parfois du ciel), chats et chiens (pris d'un violent tournis). Entre 1956 et 1965 plus de 1 200 personnes sont décédées d'un empoisonnement dans la baie de Minamata (sud du Japon).
Selon les estimations récentes, les concentrations en mercure dans l'eau de la baie de Minamata devraient revenir au niveau des années 1940 en l'an 2011.

2 Le lac Ontario, un lac pollué au mercure.

a.

L'Ontario est une province du Canada située à l'ouest du Québec. Le lac Ontario sert de déversoir aux autres grands lacs nord américains. Ces grands lacs sont entourés d'industries qui y ont rejeté des polluants chimiques, notamment du mercure.

b.

a. Pêcheur sur un des lacs de la région de l'Ontario.
b. La pollution du lac Ontario.

3 Pollution au mercure et réseau alimentaire.

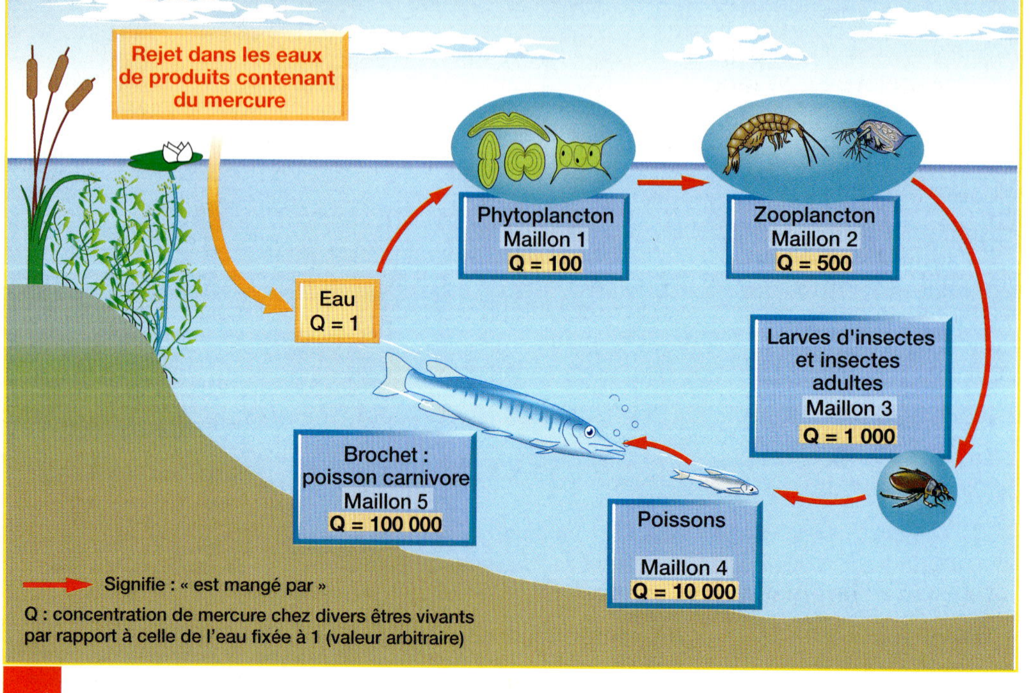

Le mercure, substance toxique, n'est pas éliminé par les êtres vivants qui le consomment et il s'accumule dans leur organisme. La concentration de mercure augmente au fur et à mesure qu'il circule dans les maillons supérieurs des réseaux alimentaires.

Chacun peut contribuer à limiter la pollution chimique

4 La composition des piles.

Les piles sont composées de substances chimiques de toxicité variable. Parmi les constituants, on trouve de nombreux métaux lourds : plomb (Pb), zinc (Zn), mercure (Hg), lithium (Li), manganèse (Mn), cadmium (Cd), nickel (Ni). Ces métaux lourds sont très persistants et très polluants pour notre environnement. La composition des piles est indiquée sur l'emballage.

5 Le devenir des piles non récupérées.

Après usage, lorsque les piles sont jetées dans les poubelles communes ou abandonnées dans la nature ou mises en décharges, les boîtiers s'altèrent par oxydation et des métaux lourds s'en échappent. Ils sont transportés par les eaux de pluie, pénètrent dans le sol puis atteignent les nappes phréatiques. Le mercure d'une seule pile bouton peut contaminer 400 litres d'eau ou 1 m^3 de terre pendant 50 ans.

6 La collecte des piles permet le recyclage.

a.

En France, la collecte de toutes les piles est obligatoire depuis 2001. Ainsi, les vendeurs de piles, grossistes ou détaillants, ont désormais l'obligation de procéder à la collecte des piles usagées rapportées par les consommateurs en vue de leur recyclage. Cependant, en France, 550 millions de piles (21 000 tonnes) sont consommées par an, et seulement 20 % de ces piles sont recyclées, soit 4 000 tonnes. Les 80 % restant ne peuvent pas être recyclées car elles ne sont ni triées ni jetées dans les bacs permettant la collecte des piles.

b.

a. Collecteur de piles.
b. La collecte de piles est indispensable au recyclage.

7 Le devenir des piles récupérées.

Si les piles sont récupérées, 65 à 75 % des matériaux qui les constituent peuvent être recyclés.
Le manganèse est réutilisé, par exemple, pour des peintures antirouilles. Le noir de carbone rentre dans la composition des revêtements routiers. Le mercure est employé dans des applications industrielles spécifiques. L'acier, après remise en fusion, va permettre de fabriquer, par exemple, des carrosseries de voitures. Le zinc est réutilisé pour faire des gouttières pluviales entre autres. Le plomb et le cadmium servent à fabriquer de nouvelles batteries.

Des directives nationales et internationales sont prises pour limiter les pollutions chimiques.
Des mesures prises par les collectivités, mais dont l'efficacité dépend du comportement de chacun.

Lexique

Affinage (fromage) :
transformation biologique d'un fromage durant la dernière période de sa formation, sous l'action de micro-organismes, qui contribue à lui donner un goût particulier. Durant cette période le fromage est placé dans des conditions de température et d'humidité précises.

Akène :
fruit sec qui contient une graine (ex : akènes du pissenlit).

Allaitement :
alimentation en lait des nouveau-nés des mammifères par la mère. Chez l'espèce humaine, l'allaitement peut être maternel ou artificiel (lait maternisé).

Alternance de formes :
chez un végétal désigne les changements de forme, d'aspect du végétal suivant les saisons. Chez un animal désigne les différentes formes prises par l'animal au cours de son développement (forme larvaire et forme adulte par exemple).

Amidon :
glucide contenu dans de nombreux aliments d'origine végétale, le pain par exemple. L'amidon est un sucre lent.

Bactéries :
micro-organismes unicellulaires de très petite taille et sans noyau.

Biodégradable :
désigne un objet qui peut être détruit par l'action d'êtres vivants, des bactéries en particulier.

Biodiversité :
diversité des êtres vivants peuplant un milieu.

Bourgeon :
organe d'une plante qui renferme une tige feuillée ou florale miniature qui ne se développera que si les conditions sont favorables.

Bouturage :
multiplication d'une plante à partir de boutures. Une bouture est un fragment de la plante (par exemple un morceau de tige feuillée) capable de redonner une plante entière.

Bulbe :
organe de réserve souterrain composé d'une courte tige plate, le plateau, portant au moins un bourgeon, des tuniques (ou des écailles) gorgées de substances de réserves et des racines.

Calcium :
élément minéral indispensable aux animaux, et notamment à l'Homme. Les produits laitiers sont très riches en calcium.

Carnivore :
être vivant qui se nourrit d'animaux ou de parties d'animaux.

Cellule :
unité de structure et de vie des êtres vivants. Une cellule est limitée par une membrane et contient une matière, appelée cytoplasme, dans laquelle se trouve un noyau limité par une membrane (sauf chez les bactéries).

Chaîne alimentaire :
chaîne dont les maillons sont des êtres vivants reliés par des relations alimentaires.

Composantes minérales de l'environnement :
éléments tels que l'eau, l'air et les sels minéraux.

Composantes organiques :
« êtres vivants » (vivants ou morts) présents dans un environnement.

Critère :
caractère parfaitement identifié qui permet de faire des regroupements entre les êtres vivants.

Culture hors sol :
culture sans terre. Les racines des plantes cultivées hors sol baignent dans une solution nutritive d'eau et de sels minéraux.

Cytoplasme :
milieu intérieur de la cellule.

Décomposeurs :
catégorie d'êtres vivants capables de décomposer de la matière organique provenant d'organismes morts.

Dioxyde de carbone :
gaz présent dans l'atmosphère en très petite quantité (0,03 %) ; ce gaz est produit par les êtres vivants comme les levures lors de la fermentation.

Dioxygène :
gaz présent dans l'atmosphère en quantité importante (21 %). Le dioxygène est indispensable à la vie de la plupart des êtres vivants.

Diurne :
se dit d'un animal actif le jour.

Nocturne :
se dit d'un animal actif la nuit.

Embryon :
être vivant au début de son développement, avant qu'il ne prenne une forme caractéristique de son espèce. L'embryon se forme à partir de l'œuf, il donnera un être vivant entier en se développant.

Engrais minéraux :
substances minérales apportées par l'Homme aux cultures pour favoriser leur croissance. Les engrais minéraux contiennent des sels minéraux présents normalement dans le sol, mais parfois en trop faible quantité, et indispensables à la croissance de la plante.

Engrais organiques :
substances organiques apportées par l'Homme aux cultures pour favoriser leur croissance. Le lisier et le fumier constituent des engrais organiques.

Environnement :
tout ce qui nous entoure, air, eau, roches, végétaux, animaux, constructions humaines.

Espèce :
groupe qui réunit des êtres vivants qui présentent beaucoup de caractères communs et qui sont capables de se reproduire entre eux. L'espèce est le plus petit groupe d'une classification.

Étamines :
organes d'une fleur qui libèrent le pollen.

Ferment lactique :
contient les bactéries assurant la formation du caillé à partir du lait lors de la première étape de fabrication des fromages.

Fermentation :
phénomène réalisé par certains êtres vivants (comme les levures ou certaines bactéries) qui utilisent des matières organiques. La fermentation s'accompagne d'une libération de substances qui modifient le milieu (dioxyde de carbone, acide lactique...).

Fruit :
organe végétal issu de la reproduction sexuée et contenant la graine. Le fruit provient de la transformation de l'ovaire après fécondation. C'est souvent un organe de dissémination.

Germination :
développement de l'embryon d'une graine. La germination ne se fait que si les conditions sont favorables.

Gestation :
période pendant laquelle un embryon puis un fœtus se développe dans le corps de la mère.

Glucides :
substances organiques qui constituent les sucres lents (amidon) ou rapides (glucose).

Graine :
organe d'une plante issu de la reproduction sexuée. La graine contient un embryon et provient de la transformation de l'ovule après la fécondation.

Groupe emboîté :
groupe entièrement contenu dans un autre. La classification présente des groupes emboîtés. Un groupe emboîté dans un autre possède à la fois ses propres caractères et ceux du groupe dans lequel il est emboîté.

Hibernation :
période de vie ralentie d'un animal lui permettant de passer la mauvaise saison.

Hygrométrie :
taux d'humidité d'un milieu donné.

Insectes :
groupe d'animaux n'ayant pas de squelette interne mais une cuticule, trois paires de pattes articulées et une paire d'antennes.

Insémination :
introduction de sperme dans les organes génitaux de la femelle en vue d'une fécondation.

Larve :
stade de développement de certains animaux. La larve est issue de l'œuf et ne ressemble pas à l'adulte qu'elle deviendra.

Levain :
contient les micro-organismes qui assurent une transformation biologique comme les levures pour la fabrication du pain.

Levure :
être vivant unicellulaire, appartenant au groupe des champignons.

Lipides :
catégorie de matières organiques nommées aussi matières grasses.

Litière :
partie superficielle du sol forestier constituée des feuilles mortes et en décomposition.

Luminosité :
éclairement.

Luxmètre :
capteur permettant de mesurer la luminosité.

Mammifères :
groupe d'animaux vertébrés possédant des poils et allaitant leurs petits.

Marcottage :
procédé naturel ou artificiel consistant à multiplier une plante en enterrant des parties de la tige. Ces parties sont alors capables de former une plante entière et de se détacher de la plante mère.

Marée verte :
développement très important d'algues vertes dans les eaux littorales. Les algues s'échouent sur la plage où elles pourrissent.

Matières minérales :
eau et sels minéraux.

Matières organiques :
matières produites par des êtres vivants.

Micro-organismes :
êtres vivants microscopiques, souvent constitués d'une seule cellule.

Migration :
déplacement saisonnier d'animaux ; les oiseaux migrent d'une aire de reproduction à une aire d'hivernage.

Minéralisation :
transformation de la matière organique en éléments minéraux sous l'action de micro-organismes du sol.

Nitrates :
sels minéraux présents dans le sol et indispensables à la croissance des plantes

Noyau :
composant d'une cellule délimitée par une membrane. On trouve un noyau dans toutes les cellules, sauf dans les bactéries.

Œuf (cellule œuf) :
scientifiquement désigne la cellule point de départ d'un être vivant. Cette cellule peut se trouver protégée par une coquille (œuf de poule) ; l'embryon se développe à l'abri de cette coquille.

Omnivore :
animal qui se nourrit aussi bien de substances animales que végétales.

Ovule :
chez les plantes à graines désigne l'organe qui se transforme en graine grâce à l'action du pollen.

Parenté :
relation de filiation entre des êtres vivants. La parenté traduit une origine commune. Dans la classification des êtres vivants tous ceux qui se trouvent dans un même groupe sont plus apparentés entre eux qu'avec les êtres vivants qui ne font pas partie de ce groupe.

Phytoplancton :
petits organismes microscopiques végétaux flottant entre deux eaux. Ce sont des producteurs primaires très importants en milieu marin ou lacustre.

Pistil :
organe reproducteur femelle de la fleur. Le pistil contient l'ovaire renfermant les ovules. Après fécondation, le pistil se transforme en fruit.

Plante annuelle :
plante dont il ne reste que les graines pendant la mauvaise saison.

Plante vivace :
plante dont il reste des organes autres que les graines pendant la mauvaise saison.

Pluricellulaire :
être vivant constitué de plusieurs cellules.

Pollen :
élément reproducteur mâle des plantes à fleurs. Le pollen est transporté par le vent ou les animaux. Il est indispensable à la transformation des ovules en graines et du pistil en fruit.

Pollution :
introduction d'une substance toxique ou d'éléments étrangers dans l'environnement.

Producteur de matières :
être vivant qui produit des matières organiques. Tous les êtres vivants sont des producteurs de matières.

Producteur primaire :
être vivant qui produit sa matière sans consommer de matières organiques. Les végétaux chlorophylliens sont des producteurs primaires.

Producteur secondaire :
être vivant qui a besoin de consommer des matières organiques pour produire sa propre matière (les animaux et les champignons sont des producteurs secondaires).

Protéines :
matières organiques indispensables pour le bon fonctionnement de l'organisme et la croissance.

Recyclage :
lorsqu'on parle d'un déchet (boîte en carton, bouteille en plastique, verre, journal...) c'est l'action de produire un nouveau produit à partir de matériaux issus de ce déchet. Le recyclage des matières organiques désigne la transformation des matières organiques en matières minérales sous l'action d'êtres vivants, appelés décomposeurs, dont les plus importants sont des bactéries. Ces matières minérales peuvent alors être utilisées par les producteurs primaires pour fabriquer de nouvelles matières organiques.

Régime alimentaire :
les différents aliments consommés par un animal.

Reproduction sexuée :
reproduction qui nécessite des éléments mâles et des éléments femelles. Elle aboutit la formation d'un œuf qui donnera un nouvel individu.

Reproduction végétative :
mode de reproduction qui ne fait pas intervenir les organes de la reproduction sexuée (comme les fleurs). La reproduction végétative aboutit à deux ou plusieurs plantes à partir d'un fragment d'une plante initiale (rhizomes, stolons, tubercules...).

Réseau alimentaire :
ensemble de chaînes alimentaires qui se mêlent. Dans un réseau alimentaire, certains êtres vivants appartiennent à plusieurs chaînes alimentaires.

Rhizome :
tige souterraine, plus ou moins ramifiée, qui persiste souvent durant l'hiver et qui permet à la plante de coloniser le milieu. Les ramifications du rhizome en se séparant les unes des autres assurent la multiplication végétative de la plante.

Sol :
mélange d'éléments minéraux (roches, fragments de roches, air, eau) et d'éléments organiques provenant d'organismes morts. Le sol est un milieu de vie pour de nombreux êtres vivants.

Sporanges :
petits sacs produits par les végétaux sans fleurs (mousses et fougères) et contenant de très nombreuses spores.

Spores :
petits éléments libérés par les végétaux sans fleurs et assurant la reproduction et la colonisation. En germant, une spore forme une nouvelle plante.

Sucres lents :
glucides qui ne libèrent le sucre qu'ils contiennent qu'au bout d'un certain temps dans l'organisme. L'amidon est un sucre lent.

Sucres rapides :
glucides au goût sucré, directement utilisables ou digérés très rapidement par l'organisme. Le glucose et le sucre de table sont des sucres rapides.

Tétrapodes :
groupe d'animaux vertébrés possédant des membres terminés par des doigts.

Tubercule :
organe de réserve souterrain de certaines plantes comme les dahlias ou les pommes de terre. Les tubercules portent de nombreux bourgeons qui en germant pourront redonner de nouvelles plantes.

Unicellulaire :
être vivant constitué d'une seule cellule.

Végétarien :
animal qui ne se nourrit que d'aliments d'origine végétale.

Végétaux chlorophylliens :
végétaux possédant de la chlorophylle. Les végétaux chlorophylliens sont verts.

Vertébrés :
groupe d'êtres vivants possédant un squelette interne avec un crâne et une colonne vertébrale.

Vivant :
qui est capable de grandir et de se reproduire.

Zooplancton :
animaux microscopiques qui flottent entre deux eaux.

Index

Table des illustrations

couverture ph © D. Edmunds / Gettyimages
1 ph © D. Edmunds / Gettyimages
6-7 ph © J.-P. Ferrero / Phone
9 ph © Marta Nascimento / Réa
10-1, -2 ph © F. Hanoteau
11-3a ph © P. Royer / Explorer / Hoa-Qui
11-3b ph © C. Simon / FRANCEDIAS.COM
11-3c ph © B. Pambour / Bios
12-4 ph © Claudie / Sunset
12-5 ph © P. Guignard / Urba Images Server
13-6a ph © G. Dif / Bios
13-6b ph © Douglas P. Wilson / FLPA / Corbis
13-7 ph © M. Lefevre / Colibri
13-8 ph © F. Labhardt / Bios
14-9a ph © C. Lavergne / Colibri
14-9b ph © P. Neveu / Colibri
14-9c ph © M. Petzold
15-10a, b ph © M. Petzold
15-10c ph © J. P. Champroux / Jacana
15-11a, b ph © A. & J. Six
16-12a, b, c ph © A. & J. Six
17-14a ph © P. Nief / MAP
17-14b ph © E. Balanca / Phone
17-14c ph © L. Chaix / Colibri
18-1 ph © Claudie / Sunset
18-2 ph © P. Neveu / Colibri
18-3 ph © A. & J. Six
20-4 ph © R. Konig / Jacana
20-5a ph © A. & J. Six
20-5b ph © D. Heuclin / Bios
21-6a ph © Jean Mayet / Bios
21-6b ph © B. Faye / M.N.H.N., Paris
21-6c ph © J.-P. Hervy / Jacana
21-6d ph © R. Taylor / OSF / Bios
21-7a ph © G. Lacz / Sunset
21-7b ph © NHPA / Sunset
22 ph © F. Hanoteau
23 ph © Claudie / Sunset
24-1 ph © M. Rapilliard / Bios
24-2a ph © J.-P. Champroux / Jacana
24-2b ph © A. Poole / Papilio / Corbis
25-3a, b ph © F. Hanoteau
25-4 ph © G. Lopez / Bios
26-5a ph © R. Konig / Jacana
26-5b ph © F. Hanoteau
26-5c ph © M. Dupuis
27-6a, b, c ph © F. Hanoteau
27-7b ph © H. Conge
28-8 ph © C. M. Bahr / Bios
28-9 ph © G. Hofer / Jacana
29-10a ph © R. Cavignaux / Bios
29-10b ph © C. Ruoso / Bios
29-10c ph © S. Deschandol / Bios
29-11a ph © P. Garguil / Bios
29-11b ph © M.-C. & J.-G. Baillet
30-12 ph © M.-C. & J.-G. Baillet
30-13 ph © D. Halleux / Bios
31-14a ph © E. Balanca / Phone
31-14b ph © J.-L. Le Moigne / Bios
31-14c ph © Hellio van Ingen / Phone
31-14d ph © Y. Fourie / Colibri
31-15a ph © G. Cornière / Bios
32-1 ph © R. Konig / Jacana
32-2 ph © G. Hofer / Jacana
32-3 ph © G. Cornière / Bios
34-3a ph © S. Bonneau / Colibri
34-3b ph © C. Guihard / Colibri
34-3c ph © M. Bernasconi / MAP
34-3d ph © C. Guihard / Colibri
35-4a ph © G. Smellinckx / Colibri
35-4b ph © J. Barbery / Colibri
35-6a ph © T. Montford / Bios
35-6b ph © J.-C. Vincent / Bios
35-6c ph © M. Zahnd / Jacana
36-7a ph © K. Amsler / Jacana / Hoa-qui
36-7d ph © Marevision /AGE Fotostock / Hoa-Qui
36-8 ph © Yann - Arthus Bertrand / Altitude
37 ph © F. Hanoteau
38-39 ph © J.-P. Delobelle / Bios
41 ph © J.-J. Alcalay / Bios
42 ph © B. Pambour / Bios
43-2a ph © G. Lacz / Sunset
43-2b ph © H. Conge
43-3a ph © G. Martin / Bios
43-3b ph © Brown / OSF / Bios
43-3c ph © A. Guerrier / Jacana
44-4 ph © F. Didillon / MAP
44-5 ph © G. Lopez / Bios
45-6a, b, c ph © F. Hanoteau
45-7a ph © H. Conge
45-7b ph © J.-M. Labat & Y. Lanceau / Phone
46-8a, b ph © F. Hanoteau
46-9a ph © G. Hofer / Jacana
46-9b ph © R. Pickett / Corbis
47-10, -11 ph © F. Hanoteau
48-12a ph © W.H. Müller-P. Arno / Bios
48-12b ph © H. Conge
48-13a ph © P. Nief / Jacana
48-13b ph © H. Conge
49-14a ph © Bringard / Sunset
49-14b ph © Nuridsany et Pérennou
49-14c, d ph © H. Conge
50-16a ph © M. Petzold
50-16b ph © H. Conge
50-17a ph © J. Martinez / Bios
50-17b ph © H. Conge
50-17c ph © P. Lorne / Jacana
51-18a ph © NHPA / Sunset
51-18b ph © C. Gautier / Jacana
51-18c ph © Animals Animals / Sunset
51-19a ph © J.-M. Labat & Y. Lanceau / Phone
51-19b ph © C. Gautier / Jacana
51-19c ph © H. Conge
51-19d ph © Lobivia / Jacana
52-1 ph © F. Didillon / MAP
52-2 ph © F. Hanoteau
52-3 ph © H. Conge
52-4 ph © J.-M. Labat & Y. Lanceau / Phone
54-3a ph © K. Vock / Okapia / Bios
54-3b ph © J.-J. Etienne / Bios
54-3c ph © A. Larivière / Jacana
54-3d ph © J.-M. Labat & Y. Lanceau / Phone
55-4a, c, e ph © INRA Avignon
55-4b, d ph © Pitrat / INRA Montfavet
55-4f ph © N. et P. Mioulane / MAP
55-4g ph © D. Prix / Sunset
55-5a, b ph © F. Hanoteau
55-5c ph © H. Conge
56-b ph © J.-P. Champroux / Jacana
56-h ph © Animals Animals / Sunset
57 ph © F. Didillon / MAP
58-1 ph © A. Descat / MAP
58-2 ph © Y. Monel / MAP
59-3a ph © N. et P. Mioulane / MAP
59-3b ph © F. Lamarque / MAP
59-4 ph © J.-C. Voegtlin / Bios
59-5 ph © C. Favardin / Jacana
60-6a ph © N. et P. Mioulane / MAP
60-6b ph © J.-Y. Lavergne / Colibri
60-6c ph © F. Hanoteau
60-6d ph © P. Nicolas
61-7a ph © Noun / MAP
61-7b ph © Animals Animals / Sunset
61-7c ph © H. Conge
61-7d ph © F. Strauss / M.A.P.
61-7e ph © H. Fougère / Bios
62-8 ph © F. Hanoteau
62-9a ph © F. Hanoteau
62-9b ph © J.-M. Labat / Phone
62-9c ph © J.-M. Labat - Y. Lanceau / Phone
63-10a ph © D. Bringard / Bios
63-10b ph © J.-M. Labat-Y. Lanceau / Phone
63-10c ph © F. Hanoteau
63-10d ph © J.-C. Révy / ISM
63-10e ph © F. Hanoteau
63-10f ph © S. Cordier / Jacana
63-11a ph © D. Bringard / Bios
63-11b ph © A. Matt / Bios
63-11c ph © L. Casiano / Bios
64-12a ph © J. Douillet / Bios
64-12b ph © F. Hanoteau
64-12c ph © P. Fernandes / L'Ami des Jardins
65-14a ph © F. Strauss / MAP
65-14b ph © F. Hanoteau
65-14c ph © F. Da Costa / Bios
65-15a ph © Laramie / Sunset
65-15b ph © P. Nicolas
65-15c ph © J-M. Groult / Bios
65-16a ph © N et P. Mioulane / MAP
65-16b ph © A. Carrara / Jacana
65-16c ph © C. Favardin / Jacana
66-17a ph © NHPA / Sunset
66-17b,c,d ph © P. Fernandes / L' Ami des jardins
67-18a ph © C. Nardin / Jacana
67-19 ph © P. Fernandes / L'Ami des jardins
68-1 ph © Noun / MAP
68-2 ph © J.-C. Révy / ISM
68-3 ph © C. Favardin / Jacana
68-4 ph © C. Nardin / Jacana
70-3a ph © Michel Gunther / Bios
70-3b ph © P. Fernandes / L'Ami des jardins
70-3c ph © P. Goetgheluck
71-4a ph © H. Klein / Bios
71-4b ph © D. Halleux / Bios
71-4c ph © J.H. Maraindaz / Colibri
71-4d ph © C. Thiriet / Phone
71-5a ph © P. Nief / MAP
71-5b ph © Marge / Sunset
71-5c ph © F. Hanoteau
72-a, b ph © P. Fernandes / L'Ami des Jardins
72-bas ph © P. Vaures / L'Ami des Jardins
73 ph © J. Warden / Sunset
74-1 ph © M. Duquet / Bios
74-2 ph © M. Rauch / Bios
75-3 ph © P. Johnson / Corbis
75-4 ph © J.H. Maraindaz / Colibri
76-5 ph © K. Schneider / Jacana
76-6 ph © J. - C. Chantelat
76-7 ph © Svenskt / Pressfoto / Sunset
77-9 ph © N. Hermann
77-10 ph © P. Petit
78-11a ph © F. Hanoteau
78-11b ph © P. Etcheverry / Colibri
78-12a ph © J.A. Mayet / Colibri
78-12b ph © J.-C. Vincent / Bios
79-13a ph © C. M. Bahr / Jacana
79-13b, c, d ph © Thielemann / Sunset
79-14 ph © Dengreville / Colibri
80-17 ph © C. Lambeaux / Jacana
81-18a ph © P. Perez / Colibri
81-18b ph © G. Fleury / Colibri
82-21 ph © Delfino / Sunset
82-22 ph © E. Barbelette / Bios
83-23a ph © A. Guerrier / Colibri
83-23b ph © R. Zarate / Colibri
83-24 ph © E. Barbelette / Bios
84-1 ph © K. Schneider / Jacana
84-2 ph © Dengreville / Colibri
84-3 ph © C. Lambeaux / Jacana
84-4 ph © E. Barbelette / Bios
86 ph © Communimages
87 ph © A.M. Loubsens / Colibri
88-6a ph © J. Pizzol / INRA Photothèque
88-6b, c ph © Thiriet / Phone
88-6d ph © N. Hawlitzky / INRA Photothèque
88-6e ph © R. Dulhoste / Jacana
89-(6 photos) ph © A. & J. Six
90-91 ph © M. Gilles / Bios
93 ph © C. Ruoso / Bios
94-1 ph © M.-C. & J.-G. Baillet
94-2 ph © G. Abadie / Colibri
95-3a ph © P. Chadwick / SPL / Cosmos
95-3b ph © C. Metz / Colibri
95-4 ph © Klein-Hubert / Bios
96-5a ph © D. Bernardin / Colibri
97-8a ph © M.-C. & J.-G. Baillet
97-9a ph © J.-M. Prévot / Bios
97-9b ph © W. Meinderts / Fotona / Bios
98-10a, b ph © J.-M. Labat / Phone
98-11a, b, c ph © H. Conge
99-12a ph © C. Guihard / Colibri
99-13 ph © M. Lefèvre / Colibri
101-15 ph © F. Vidal / Bios
101-16 ph © Klein-Hubert / Bios
101-17 ph © D. Roberts / SPL / Cosmos
102-18 ph © F. Cahez / Bios
103-21 ph © B. Lundberg / Bios
104-1 ph © M.-C. & J.-G. Baillet
104-2 ph © M. Lefèvre / Colibri
104-3 ph © Klein-Hubert / Bios
104-4 ph © F. Cahez / Bios
106-4a, b, c, d ph © A. & J. Six
107-5a ph © G. Martin / Bios
107-5b ph © A. & J. Six
107-5c ph © W. Meinderts / Fotona / Bios
107-5d ph © Animals Animals / Sunset
107-5e ph © D. Heuclin / Bios
107-5f ph © Gayo / Bios
107-5g ph © E. Balanca / Phone
108 ph © H. Conge
109 ph © Klein-Hubert / Bios
110-1a ph © Lessinard / Andia
110-1b ph © A. Le Toquin
110-2a ph © A. Dagbert / Colibri
110-2b ph © D. Cordier / Colibri
111-3 ph © A. Le Toquin
111-4 ph © M. Rapilliard / Bios
112-5a ph © M. Rapilliard / Bios
112-5b ph © H. Roques / Colibri
113-7 ph © Cliché IGN / CEVA pour le Conseil général des Côtes d'Armor
114-9a ph © B. Laurier / Bios
114-9b ph © P. Fauchere / M.A.P.
114-9c ph © F. Strauss / M.A.P.
115 ph © Patrick Dumas / Eurelios
116-13a ph © D. Bringard / Bios
116-13b ph © H. Conge
116-13c ph © J. Weber / INRA
117-14a ph © D. Simeonidis / Bios
117-14b ph © L. Triolet / Colibri

117-14c ph © A. Labat / Colibri
117-14d ph © C. Guihard / Bios
118-15 ph © Ph. Granval / Colibri
118-16 ph © C. Thiriet / Grandeur Nature / Jacana
119 ph © Ifremer
120-1 ph © M. Rapilliard / Bios
120-2 ph © B. Laurier / Bios
120-3 ph © D. Bringard / Bios
120-4 ph © Ph. Granval / Colibri
123-5a ph © R. Cavignaux / Bios
123-5b ph © D. Heuclin / Bios
123-5c ph © C. Meyer / Bios
123-6a ph © Gautier / Phone
123-6b ph © D. P. Wilson / FLPA / Sunset
123-6d ph © D. Huot / Bios
124 ph © F. Hanoteau
125 ph © Noun / MAP - (Jardin : Kasteel Baexem, Pays-Bas)
126-1 ph © F. Renard / Bios
126-2 ph © Y. Lanceau
127-3 ph © C. Thiriet / Grandeur Nature / Jacana
127-4 ph © J. Thomas / Zapa Bordeaux
128-5a, b ph © F. Hanoteau
128-6a ph © J.-M. Labat / Phone
128-6b ph © P. Polette / Colibri
129-7a ph © M. Petzold
129-7b ph © D. Bown / OSF / Bios
129-8a, b, c ph © F. Hanoteau
130-9b ph © Y. Coineau / M. N. H. N.
131-10a ph © M. Petzold
131-10b ph © A. & J. Six
131-10c ph © F. Hanoteau
131-10d ph © P. Lorne / Jacana
131-10e ph © M. Rauch / Bios
131-10f ph © B. Borrell / Bios
131-10g ph © H. Conge
131-10h ph © J. A. Mayet / Colibri
132-11 ph © D. Scharf / SPL / Cosmos
132-12 ph © collection Jonas / Kharbine-Tapabor
133-13 ph © FLPA / Sunset
133-14 ph © S. Cuisset / Réa
134-15 ph © F. Hanoteau
135-16a, b ph © F. Hanoteau
135-17a ph © P. Sittler / Réa
135-17b ph © J. Cancalosi / Hoa-Qui / Jacana
136-1 ph © J.-M. Labat / Phone
136-2 ph © Y. Coineau / M. N. H. N.
136-3 ph © FLPA / Sunset
136-4 ph © F. Hanoteau
138-3 ph © J. Delas / INRA Photothèque
139-5 ph © D. Bringard / Bios
139-6 ph © P. Fernandes / L'Ami des Jardins
140-b, c, d ph © F. Hanoteau
141-a ph © Noun / MAP
141-b ph © N. & P. Mioulane / MAP
141-c ph © Face & Cie / Bios
142-143 ph © Stone / Getty Images
145-b ph © G. Lacz / Sunset
145-h ph © C. Mallier / Top
146-1 ph © C. Valentin / Hoa-Qui
146-1bd ph © Chassenet / BSIP
146-2a ph © G. Dagli Orti
147-3 ph © G. Dagli Orti
147-4a ph © Denis.ziegler.free.fr
147-4b ph © Espace Pain Information / C. Dellière
147-5 ph © Espace Pain Information / C. Dellière
148-6a, b, c, d ph © F. Hanoteau
149-8 ph © T. Petillot / Explorer / Hoa-Qui
149-10 ph © F. Hanoteau
150-11a, b, c, d ph © P. Philippon
150-11e ph © J.-P. Porcher / Sunset
150-11f ph © P. Philippon
151-12, -13 ph © F. Hanoteau
152-14 ph © F. Hanoteau
152-15a, b ph © H. Conge
153-16, -17, -18 ph © F. Hanoteau
154-19a ph © A. Hart-Davis / SPL / Cosmos
154-19b, c ph © Holt Studios / Sunset
154-20a ph © P. Pilloud / Jacana
154-20b ph © H. Conge
154-20c ph © G. Thouvenin / Jacana
155-21a ph © M. Gosselin / INRA Photothèque
155-21c ph © Marge / Sunset
155-22 ph © P. Gleizes / Réa
156-1 ph © T. Petillot / Explorer / Hoa-Qui
156-2 ph © P. Philippon
156-3 ph © H. Conge
156-4 ph © Marge / Sunset
157-b ph © H. Conge
157-h ph © B. Decout / Réa
158-4a ph © F. Hanoteau
158-4b, c ph © H. Conge
159-5a, b ph © Espace Pain Information
159-5c, d ph © F. Hanoteau
160-a ph © D. Muir / Masterfile
160-b ph © J.-M. Horillot / Age / Hoa-Qui
160-c ph © B. Forster / Stone / Gettyimages
161 ph © M. Rougemont / Top
162-1 ph © J.-M. Charles / Rapho
162-2 ph © Villeger / Explorer
162-3 ph © P. Granaud / Rapho
162-4 ph © T. Martinot / Sunset
163-5 ph © J.-C. Gérard / Photononstop
163-6a ph © J. Grinsky / Photononstop
163-6b ph © P. Allard / Réa
164-7a, b ph © F. Hanoteau
164-7c ph © J.-C. Révy / ISM
164-8a, b, c ph © F. Hanoteau
164-9 ph © F. Hanoteau
165-12 ph © R. Bruderer / Masterfile
166-13 ph © J. Loïc / Photononstop
166-14 ph © D. Joubert / Réa
166-15 ph © Régent / Photononstop
166-16 ph © I. Kostia / Photononstop
167-18a ph © P. Bessard / Réa
167-18b ph © G. Sioen / Top
168-20 ph © F. Hanoteau
168-21 ph © F. Hanoteau
169-22a, b ph © J.-C. Révy / ISM
169-22c ph © M. Rousseau / INRA Photohèque
169-23a ph © UCSC / Institut de Microbiologie, Piacenza, Italie
170-24a, b, c, f ph © D. Bringard / Sunset
170-24d ph © D. Bringard / Bios
170-24e ph © B. Pambour / Bios
171-25a ph © J.-N. De Soye / Rapho
171-25b, c, d, e ph © S. Grandadam / Hoa-Qui
171-25f ph © G. Bartoli / Réa
171-26a ph © Horizon Vision / Sunset
171-26b ph © Dr D. Kunkel / Phototake / ISM
172-1 ph © R. Bruderer / Masterfile
172-2 ph © P. Bessard / Réa
172-3 ph © F. Hanoteau
172-4 ph © D. Bringard / Sunset
173-b ph © C. Abad / Photononstop
173-h ph © F. Vidal / Bios
174-5a ph © M. Rousseau / INRA Photothèque
174-5b ph © D.R.
175-7a ph © INRA Guadeloupe
175-7b ph © P. Wall / CIFC
175-7c ph © CAPRI-IA
176-9a ph © Fiévez / Sipa Press
176-9b ph © P. Gleizes / Réa
177 ph © F. Hanoteau
178-179 ph © H. Martin / Bios
181 ph © M. Jozon / Hoa-Qui
182-1 ph © Aqua Press
182-2a, b, c ph © A. Labat / Colibri
182-2d ph © C. Baranger / Colibri
182-2e ph © A. Schoepfer / Colibri
183-3a ph © F. Hanoteau
183-3b ph © Richard T. Nowitz / Corbis
183-3b-détail ph © H. Conge
184-4 ph © Aqua Press
184-5a ph © G. Lacz / Sunset
184-5b ph © Aqua Press
185-7 ph © Bernard George / SPL / Cosmos
185-8a ph © Klein / Hubert / Bios
185-8b ph © Hellio Van Ingen / Phone
186-9a, b, c ph © H. Conge
187-10a ph © A. & J. Six
187-10b ph © H. Conge
187-11a ph © Aqua Press
187-11b ph © Alfred Pasieka / SPL / Cosmos
187-11c ph © H. Conge
188-12a ph © Lester H. Bergman / Corbis
188-12b ph © H. Conge
188-13a, b ph © H. Pfletschinger / Bios
189-15a ph © B.N.F., Paris
189-15b ph © Bettmann / Corbis
189-16a ph © Keystone
189-16b ph © B.N.F., Paris
190-1 ph © Aqua Press
190-2, -3 ph © H. Conge
192-3a ph © C. Guihard / Colibri
192-3b ph © H. Schempp / FLPA / Sunset
192-3c ph © A. Labat / Colibri
193-4a ph © K. Wood / OSF / Bios
193-4b ph © M. Dupuis
193-4c ph © H. Conge
193-5a ph © A. & J. Six
193-5b ph © B. Cavignaux / Bios
193-6 ph © H. Conge
194 ph © Aqua Press
195 ph © Japack / Sunset
196-1a ph © M. Colas / Jacana
196-1b ph © W. Wisniewski / Rapho
196-1c ph © Hellio Van Ingen / Phone
196-1d ph © T. Walker / Jacana
196-1e ph © D. Bringard / Bios
196-1f ph © J.-L. Le Moigne / Bios
196-1g ph © L. Thouzeau / Bios
196-1h ph © W. Meinderts / Fotona / Bios
198-4a ph © B. Faye / M.N.H.N., Paris
198-4b ph © F. Hanoteau - Coll. Université P. & M. Curie, Enseignement de Zoologie
198-4c, d, e ph © B. Faye / M.N.H.N., Paris
199-5a ph © S. Krasemann / PHR / Jacana
199-5b ph © J. Sierra / Phone
199-5c ph © W. Layer / Jacana
199-5d ph © M. Danegger / Jacana
199-5e ph © J.-M. Labat / Phone
201-8a ph © F. Didillon / Bios
201-8b ph © M. Gunther / Bios
201-8c, d ph © H. Conge
201-8e ph © M. Gunther / Bios
201-8f ph © J.-P. Hervy / Jacana
201-8g ph © G. Cox / SPL / Cosmos
201-8h ph © P. Roy
201-8i, j ph © Murray Fagg, Australian National Botanic Gardens
202-9a ph © F. Pacorel / Bios
202-9b ph © GPS / Bios
203-11a ph © A. Mercieca / PHR / Jacana
203-11b ph © M. Danegger / Jacana
203-11c ph © FLPA / Sunset
204-1 ph © F. Hanoteau - Coll. Université P. & M. Curie, Enseignement de Zoologie
204-2 ph © H. Conge
204-3 ph © A. Mercieca / PHR / Jacana
205-bd ph © M. Danegger / Jacana
205-bg ph © T. Walker / Jacana
205-bmd ph © L. Thouzeau / Bios
205-bmg ph © A. Mercieca / PHR / Jacana
205-hd ph © W. Meinderts / Fotona / Bios
205-hg ph © FLPA / Sunset
206 ph © D. Watts / Bios
207-4a ph © S. Cordier / Jacana
207-4b ph © P. Galan / Jacana
207-5a ph © M. C. Bahr / Bios
207-5b ph © P. Lorne / Jacana
207-5c ph © P. Lorne / Sunset
207-5d ph © Y. Lefèvre / Bios
208-bd ph © C. Jardel / Phone
208-bg ph © C. Ruoso / Bios
208-bm ph © J. Sierra / Phone
208-hd ph © R. Valter / Phone
208-hg ph © F. Jocker / Hoa-Qui
208-hm ph © R. Valter / Phone
210-211 ph © Lightscapes Photography, Inc. / Corbis
212-1 ph © J. Gaumy / Magnum
212-2 ph © O. Dugornay /Ifremer
212bd ph © Lightscapes Photography, Inc. / Corbis
213-4a ph © Japack / Sunset
213-4b ph © Aqua Press
213-5a ph © P. Thiery / Bios
213-5b ph © H. Conge
213bg ph © Lightscapes Photography, Inc. / Corbis
214-b ph © Hellio Van Ingen / Phone
215-3 ph © Hellio Van Ingen / Phone
215-4a ph © G. Bonnafous / Colibri
215-4b ph © F. Gilson / Bios
215-4c ph © H. Ausloos / Bios
215bg ph © Lightscapes Photography, Inc. / Corbis
216 ph © Michael S. Lewis / Corbis
217-4 ph © Gayo / Bios
217-5 ph © Ardito / Panda Photo / Bios
217-6 ph © D. Bringard / Bios
217-bg ph © Lightscapes Photography, Inc. / Corbis

Malgré nos efforts, il nous a été impossible de joindre certains photographes ou leurs ayants-droit, ainsi que des éditeurs ou leurs ayants-droit de certains documents, pour solliciter l'autorisation de reproduction, mais nous avons naturellement réservé en notre comptabilité des droits usuels.

Iconographie : Pierre Philippon / Hatier Illustration

Achevé d'imprimer par Maury à Malesherbes - France
Dépôt légal n°58044 - mars 2005

Une clé de détermination des animaux pluricellulaires

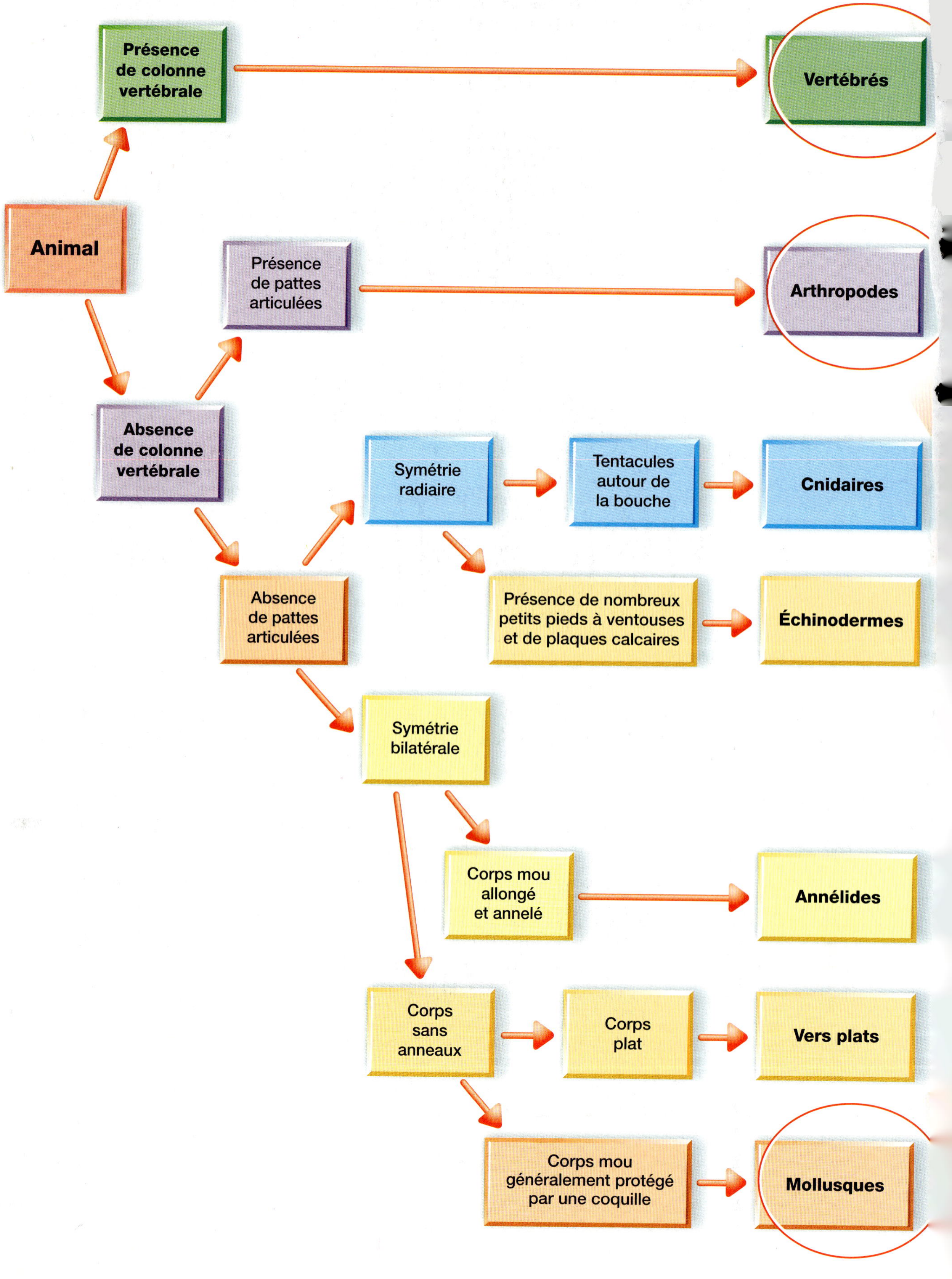

Une clé de détermination des vertébrés

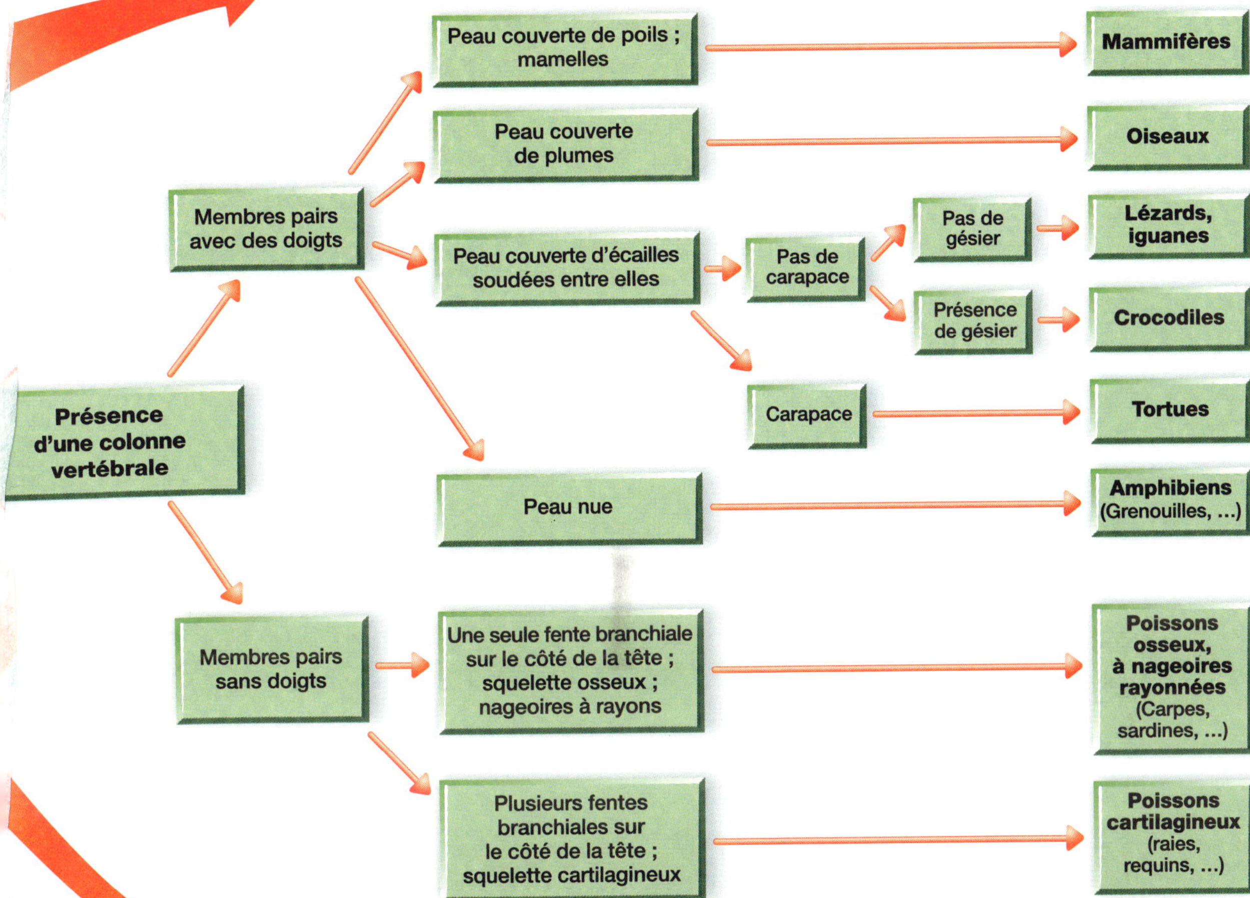

Une clé de détermination des arthropodes

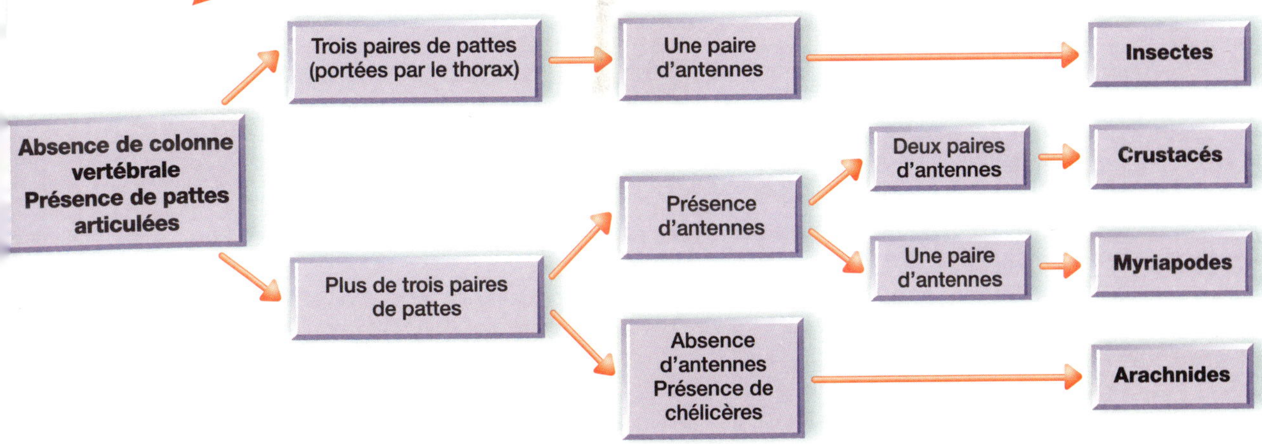

Une clé de détermination des mollusques

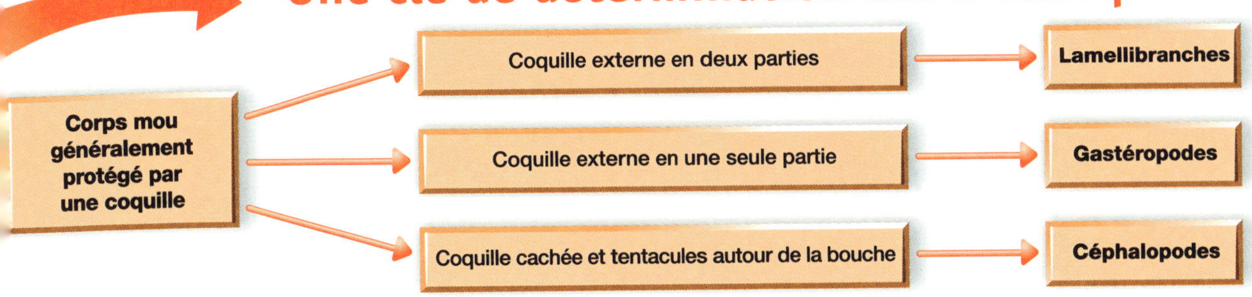

Une classification des animaux

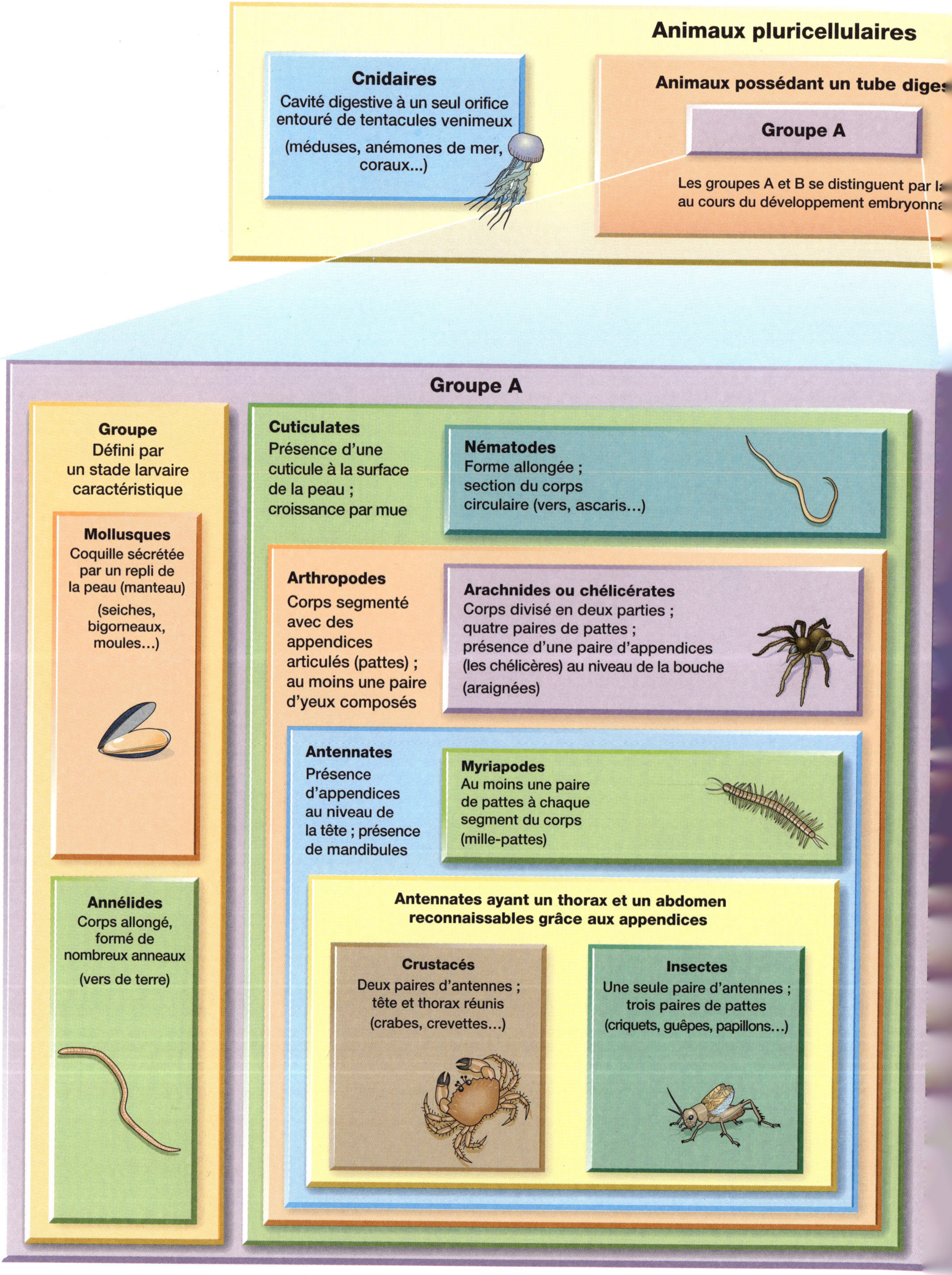